自古以來便流傳著「葡萄酒之神巴克斯（Bacchus）喜歡住在山丘」，
因此人們得知從斜坡的園地上能夠釀造出品質優良的葡萄酒

（加州索諾瑪郡〈Sonoma County〉的Moon Mountain Vineyard）

卡本內蘇維翁的釀造過程

Cabernet Sauvignon
卡本內蘇維翁

1 收成

[a]只挑選完全熟透的葡萄，以人工方式小心地將每串葡萄摘下，並裝入較小的容器裡搬運以免葡萄受到損傷。

[b]運送至酒莊內的葡萄。

2 挑選葡萄

挑除尚未成熟的葡萄果或是腐爛的部分。

3 除梗

[a]利用除梗機將果粒從果梗上摘下，僅留下果粒的部分並倒入下方的發酵槽。

[b]分離後剩下的果梗倒回園地內當作肥料。

4 發酵槽

[a]利用酵母將葡萄的糖分轉換成酒精和碳酸氣。

[b]發酵槽內部的果皮色素會開始將葡萄酒染成紅色。

5 淋汁（pumping over）

讓發酵槽裡的葡萄酒攪拌循環之後，接著抽取出含在果皮內的色素和香味成分。

6 榨汁

將葡萄酒倒入壓榨機裡，輕輕將果皮和種子壓分開來。

7 木桶熟成

將葡萄酒倒入小型的橡木桶裡熟成，如此一來酒中的混濁成分會沈澱桶底，味道會變得更加順口。

8 裝瓶

輕輕地去除葡萄酒中的殘渣之後即可裝瓶。

葡萄酒の個性

堀賢一 著

何姵儀 譯

前言　逐漸失去的風味

經濟學之父，亞當史密斯（１７２３－１７９０）在他主要的著作《國富論》（１７７６年出版）的第11章「論地租」中，針對起源自古代羅馬的酒莊經營，提出了以下有趣的分析。

「葡萄樹比其他任何一種果樹都還容易受到土壤的影響，而且會從某種土壤中吸收到一種特殊風味，而這種風味不管透過何種耕種或修剪方式，恐怕都無法給予。這種風味（來自土壤的）是真的存在，抑或只是單純的幻想，不可得知，不過這種風味有的是僅存在於少數的葡萄園裡，有些是橫跨在大部分的狹小地區且為當地的特色，有些則是遍布於一整州的範圍。」

亞當史密斯在這裡所提的，就是今日我們所認定的「土壤風味」，也就是來自於葡萄園自然環境要素的葡萄酒風味，當然，在亞當史密斯之前，根本沒有人知道「某一特定地區生產的葡萄酒會散發出當地特殊的風味」，也不知道「特定葡萄園所釀造的葡萄酒擁有特有風味（來自土壤的）」。讓我感興趣的是，亞當史密斯並沒有斷定「葡萄酒裡存在著來自土壤的風味」，而是認為「這種風味是真的存在，抑或只是單純的幻想這就不可得知」。

以《金銀島》這本小說而聞名的英國小說家Robert Louis Stevenson（１８５０－１８９４），在１８８０年與其妻Fanny Vandegrift Osbourne一同新婚旅行的途中拜訪了加州那帕谷，並還留下了《銀礦小徑破落戶》（The Silverado Squatters）這本散文集。其中有個章節提到「那帕葡萄酒」，敘述了120多年前那帕谷的葡萄栽培、葡萄酒釀造以及Stevenson對於葡萄酒的深切熱忱。

「加州的葡萄酒產業尚處於實驗性的階段。（中略）要在一片新的土地上種植葡萄樹，就如同為了尋求貴金屬而開始開採般不容易，因此那些葡萄酒生產者至今依舊在摸索當中。他們試著在不同區塊的園地中種植不同品種的葡萄，『哎呀！又失敗了。』、『這次的成果不錯』，就這樣不斷地重複著錯誤的實驗，雖然進展非常有限，但卻也漸漸地找尋到他們心目中的『Clos Vougeot』與『Château Lafite』」

「比珍貴的金子還要珍貴的，就是能夠挖掘出金塊的金脈與金礦，因為這些都是在其他地方無法找尋，且為當地生產該獨特資源的源頭，而找尋資源豐富的葡萄園，就像是找尋這類金礦般。因此，葡萄園的土壤昇華為太陽和星星底下該地獨有的東西，而這片土地所生產的葡萄酒便是封鎖在瓶中的詩」

亞當史密斯的那番話經過100年後，現在我們看見120多年前Stevenson還是用了「該地獨有的東西」這個表現，並且還提到了土壤風味，不過在Stevenson的這段敘述當中最令人感到有趣的，就是當時的人認識到葡萄品種的重要性。也就是說，不管這座葡萄園環境如何優越，若不是種植適合該土地環境的葡萄品種的話，依舊無法釀造出品質優良的葡萄酒，當時Stevenson已經明白這一點了。

在卡本內蘇維翁、夏多內、黑皮諾與希拉這些廣受消費者喜愛的葡萄品種在世界上傳播開來之前，葡萄酒乃是充滿地方色彩的農產品，由於地區不同，不僅栽種的葡萄品種不同，就連收成的時間和釀造方式也隨之而異，這使得葡萄酒在過去為風味千變萬化的飲料。也因此，人們可藉由矇眼測試這個利用味覺，根據邏輯來推測葡萄酒產地，而矇眼測試也是從事葡萄酒買賣相關產業者所必備的能力之一。

然而近年來，我深深感覺到光靠矇眼測試來猜測葡萄酒品種越來越難了。翻開20年前的品酒筆記，對於尚未被裝瓶熟成的風味所影響、出貨之後不過經過數年、年份屬於１９７０年代末期的波爾多葡萄酒與梅鐸或Saint-Émilion的差異，就連當時還是學生的我也能夠清楚判斷。然而遇到１９９０年代的葡萄酒，就連已經累積了超過20年經驗的我，也無法明確地判斷出其中差異了；這絕不是因為我的味覺能力退化。舉例來說，２０００年6月在英國舉辦的Master of Wine的測驗中，超過半數的應試者都把１９８９年的Château Lafite Rothschild答成Saint-Émilion，其中的原因並非是葡萄酒失去了其葡萄品種的風味與土壤特色。我認為這應該是因為波爾多左岸的栽種及釀造技術反應出Saint-Émilion的風味，人為的因素已經超越了葡萄品種和葡萄園地的獨特風味，因而直接反應在葡萄酒上。

葡萄品種、無性繁殖、砧木，適合這些要素的栽種方式與釀造方法普及於世界各地，再加上為了量產葡萄酒而普遍使用培養用的酵母，不論任何產地，這些方式都讓世界上的葡萄酒風味趨於一致。像是南法Vin de Pays d'Oc的卡本內蘇維翁、加州Central Valley的卡本內，甚至是澳洲或智利、阿根廷、南非或保加利亞，若要說明這些地方的卡本內風味有何差異，這已經不是一件容易的事，更何況想要藉由矇眼測試來判別這些葡萄酒，基本上是不可能的。這些價位較低的量產葡萄酒，雖然都是經過市場調查，為了迎合消費者喜愛的口味所釀製而成的，不過對於那些不習慣喝葡萄酒的消費者來說，既然喜歡的是略帶香甜容易入喉的葡萄酒，自然喝不出這些酒有何差異。不幸的是，連高級葡萄酒也不例外，由於以１００分滿分來評比葡萄酒的那些評論家影響力過於強大，因此多數葡萄酒生產者均為了迎合這些評論家的喜好來釀酒，原本應該是享受其特殊風味的葡萄酒，卻因此而漸漸失去了其應有的風味；此外，消費的流行趨勢也追趕著葡萄酒風味。為了讓葡萄酒熟成所需花費的資金、空間以及時間，這些條件到了現在已經失去了充裕空間，大部分的葡萄酒到了超市被買走之後，不到幾個小時就會被消費，因此超市業者便向提供葡萄酒的生產者要求釀造出「適合消費者在購買之後，數個小時之內便可立即打開品嚐（果香味濃郁）的葡萄酒」。Château Margaux的技術指導Paul Pontallier在波士頓的葡萄酒座談會上便指出，「近年來90%以上的Château Margaux在收成以後，通常在10年以內就會被消費，很明顯地，生產者必須生產出10年以內依舊美味的Château Margaux才行」。

根據放射性碳所做的化石年代測試，可得知人類在距今7000年前便開始種植葡萄樹，據推測，地點是在西亞高加索山脈的山腳下，至於是不是偶然，尚未有定論，不過舊約聖經中提到諾亞的方中漂流到岸時，他第一次開墾葡萄園釀造葡萄酒的亞拉拉特山，地點竟與高加索山幾乎一致。葡萄酒從史前時代就已經存在於這個世界上，為人類帶來了喜悅，進而因傳播地點的氣候與土壤的不同，使得人們開始選擇適合當地栽種的葡萄品種，而釀造方式也隨著地區呈現多樣化，這也就是為何「葡萄酒代表當地的風土」。進入21世紀之後，葡萄酒的風味是否已經不需要呈現出其應有的地區性和獨特性了呢？既然是消費者與評論家心目中的風味，是否就不需要在意是誰釀造的呢？藉由本書，我希望能夠好好思考這些問題。

目次

第1章　葡萄酒產地——13

原產地巡禮
歷史與故事

第1章 葡萄酒產地

三種巴羅洛葡萄酒（Barolo）

「如果試著把泥土與糞便混合的話，我想一定會變成你們這些人掛在口中的傳統巴羅洛葡萄酒的風味吧！」

Elio Artare（巴羅洛改革派生產者）

義大利

儘管義大利生產葡萄酒的歷史可以追溯到古希臘時代，然而卻要到１９６０年代以後義大利才完全奠定基礎，成為現代生產品質優良葡萄酒的產地。區分義大利原產葡萄酒等級之一的ＤＯＣ法乃創立於１９６３年，自此之後，政府開始正式保護像Barolo、Barbaresco、Chianti這些知名葡萄酒產地所生產的葡萄酒。同一時期，也就是１９６０年代，義大利的葡萄酒業也出現了新潮流。在Prunotto這家位於義大利西北部皮埃蒙特州（Piemonte）阿爾巴（Alba）的酒廠裡，Beppe Colla開始以單一品種的方式來生產巴羅洛葡萄酒，同時還將法國葡萄酒業的cru[*1]這個概念引進義大利國內。除此之外，在托斯卡納州（Toscana）的Bolgheri、Mario Incisa della Rocchetta和Antinori酒廠的Giacomo Tachis，也在波爾多大學Emile Peynaud教授這位釀酒學家的指導下，開始生產Sassicacia葡萄酒。過去義大利曾經將葡萄酒的生產技術傳播到法國，但出乎人意料的是，義大利現在竟然反而從法國引進革新的葡萄酒生產方式，現今在Sassicacia的葡萄園裡所種植的，就是從法國Château Lafite Rothschild地區所帶來的卡本內——

蘇維濃葡萄（Cabernet Sauvignon）。始於1960年代的義大利葡萄酒技術革新，可說是充滿了濃濃的法國色彩，像是引進法國式的葡萄酒生產概念以及釀造技巧，或是輸入法國系列的葡萄品種；另一方面，這也造成了今日義大利失去身為葡萄酒原產地這個自我意識。

巴羅洛葡萄酒

在義大利西北部皮埃蒙特州阿爾巴這個城鎮的南部所生產的巴羅洛葡萄酒，自古以來即被譽為「王之紅酒，紅酒之王」。巴羅洛葡萄酒傳統的風味，就是強烈的酸味與稍嫌過多的單寧（tannin）成分，以及葡萄酒氧化釀造過程而散發出一股如同野獸和鞣皮般的香味。這類的葡萄酒並非人人打從一開始就會愛上，但只要持續慢慢的品嚐，那獨特的風味便會開始縈繞腦中，久久揮之不去，是屬於會讓人慢慢上癮的葡萄酒。

而對於這些特性影響最大的，就是葡萄的品種與釀造的方法。倘若沒有內比歐露（Nebbiolo）這種屬於晚熟品種、酸度高，而且單寧成分豐富葡萄的話，巴羅洛葡萄酒的風味就不會如此獨特。而依照過去的葡萄酒相關法令規定，葡萄酒至少要裝入橡木桶中釀造3年，因此葡萄酒在出貨這個階段會呈現橘紅色，這個意義代表酒已經釀造成熟。

內比歐露葡萄與黑皮諾葡萄（Pinot Nior）一樣，屬於不易栽培種植、需要細心照料的葡萄品種。由於這種屬於晚熟型葡萄必須要到10月份才能夠開始採收，因此適合種植此品種的環境相當有限，即

＊1 cru：在法語裡意指「葡萄園」，或指「生產出品質優良的葡萄園」。在皮埃蒙特地區則是稱為sori。

使到了現在除了皮埃蒙特之外，幾乎沒有地區種植。由於這種特殊的土壤風味（terroir）*2條件，常讓人誤以為這就是造成巴羅洛葡萄酒「酸度較高」、「單寧成分較多」、「充滿鞣皮般的芳香」，而完全忽略了這種特殊風味，其實是因為所使用的葡萄品種和釀造方法不同所造成的。

三種巴羅洛葡萄酒

1960年代以後，由於整個世界的消費者開始追求果香味更濃、釀造年份雖短但風味佳的葡萄酒，巴羅洛和其他的義大利葡萄酒給人一種過時的感覺，便成了一個不爭的事實。當時大部分高級紅葡萄酒裡頭的成分由於過度萃取，而使得酒的味道變得相當苦澀，因此這樣的葡萄酒必須裝入傳統的橡木桶裡，長期釀造至少要超過三年才能夠減緩這股苦味。經過這種方式釀造出來的葡萄酒其實已經失去了葡萄的果香味，而且已經失去鮮味，即使傳統消費者的熱情依舊不變，但是這種葡萄酒卻得不到尋求葡萄原有風味的新世代青睞。

受到這股市場需求的潮流影響，而試著要將巴羅洛改良為單寧味道溫醇、果香味更濃，即使釀造年份短卻依舊十分可口的葡萄酒的，就是Renato Ratti、Cordero Di Montezemolo和Ceretto這些改革派的人。他們雖然將長達兩個月的葡萄皮浸皮（maceration）這個傳統製造過程縮短為兩週左右，減少在橡木桶裡釀造的時間；但另一方面卻開始重視葡萄酒裝入瓶中之後到出貨前的這段儲存期間。由於他們所釀造的葡萄酒酸味不重而口味清爽，尤其在出口市場上獲得相當不錯的風評，但卻也和傳統派之間產生了爭執。

到了1980年代，產生了一支名為Barolo Voice的激進派，把巴羅洛葡萄酒所處的環境帶入一個更加複雜的局面。他們將改革派的理念推至極盡，引進一種名為rotary fermentor*3的旋轉式發酵槽，只花2～4天就能完成成分萃取這個作業過程，接著將葡萄酒倒入新的小橡木桶裡，以最少的年限來完成釀造這個過程。依此方式所釀出的葡萄酒以滿溢果香味的嶄新作風（New World Style），將內比歐露葡萄的獨特風味毫不保留地整個展現出來。不僅如此，經由他們的遊說活動，甚至還讓巴羅洛葡萄酒DOCG（保證法定產區）最基本的橡木桶釀造時間縮短為1年。由於他們所釀造出來的葡萄酒充滿濃濃的果香，因而在已經習慣加州葡萄酒的美國市場裡獲得了爆發性的支持，點燃了再次評估義大利葡萄酒（Italian Renaissance）的原動力。

年生產量只不過40萬箱的巴羅洛葡萄酒，依照釀造方式的不同，風味大致可分為三大類。然而這三種不同方式釀造出來的巴羅洛葡萄酒卻以相同名稱來銷售，因而讓消費者不知如何區別箇中差異。最令人感到有趣的是，這三種釀造方式不同的葡萄酒各有其特色，並且普遍受到大家的認同，各個範疇的優秀生產者所釀造出來的葡萄酒，其交易價格竟為一般生產者的4～5倍，其中包括了傳統派的Giacomo Conterno、Bruno Giacosa和Aldo Conterno，改革派的Ceretto與Renato Ratti，激進派的Elio Altare與Roberto Voerzio等所生產的葡萄酒。代表義大利的釀酒顧問Ezio Rivera博士提到，「今後巴羅洛葡萄酒該以何種方式來規定統一，應該讓市場也就是消費者經過一段時間之後來選擇，而不該由葡萄酒釀造商，甚至統管原產地名稱委員會來決定。」肯定了這是一個由市場潮流而非由原產地的名稱來決定義大利葡萄酒風味的時代。

＊2　意指呈現在葡萄酒裡的葡萄園特色，像是果園裡的土壤、地勢和氣候這些要素的聚集，都會讓某個地方或某一特定葡萄園所釀造出來的葡萄酒，產生相似性或獨特性。

＊3　紅葡萄酒專用的不鏽鋼製旋轉式發酵槽。由於槽內的螺旋槳是以水平的方式來旋轉，利用電腦控制將發酵中的葡萄酒與葡萄皮攪拌的話，可在短時間內將色素抽取出來。這個方式在加州以及澳洲非常普遍，近年來甚至連法國的勃艮第（Bourgogne）也開始採用。

Barolo Cicala, Poderi Aldo Conterno

進口商為Mill simes。2001年份的葡萄酒零售價位為13,000日圓左右

將所有巴羅洛葡萄酒的生產著分為「傳統派」、「改革派」和「激進派」，是件會讓許多人議論紛紛的事，因為光是分類基準這一點，就讓眾人意見紛紜。一般來說，Aldo Conterno屬於傳統生產者的代表作品，但當實地去訪問生產的酒莊時，卻驚人地發現其實這些生產者竟擁有相當革新性的想法。

從巴羅洛這個小村落往東約1公里處，有塊面向西南方、陡斜的葡萄園，海拔高度約400公尺，那就是Cicala。園內葡萄樹樹齡較高，平均為55年。內比歐露葡萄收成之後，必須放入斯洛維尼亞橡木做成的大酒桶裡，經過3年的發酵熟成之後才算完成。想要品嚐可口的Cicala葡萄酒，必須等到裝瓶儲存熟成，味道變得更加豐富美味的這個時候才行。但若收成當年品質不錯的話，放置15年以上會更能夠顯現出Cicala葡萄酒真正的價值。

傳統派所釀造出來的葡萄酒，最典型的特色就是酒略呈橘色，聞起來有股腐葉土、焦油和枯萎的玫瑰香，喝起來酸味強烈、單寧澀味重但口感卻細膩，但卻完全沒有橡木桶原有的香草香，風味非常特別，讓人越喝越愛。不過，衛生環境不佳的酒莊所釀造出來的巴羅洛葡萄酒裡頭，有時會有股「鼠臭味」，那是因為他們增添了一種名為「brettanomyces」這種腐敗性酵母所造成的。

Barolo Bricco Rocche, (Bricco Rocche / Ceretto)

進口商為Fwines。2001年份的葡萄酒零售價位為13,000日圓左右
台灣進口商有長榮桂冠酒坊（詳細門市資料請參照附錄）

在Ceretto有幾位擁有規模中等的葡萄酒製造商，像巴羅洛的Barolo Bricco，或是巴爾巴萊斯克（Barbaresco）的Bricco Asili，都擁有優秀的酒莊。「Bricco」在義大利語裡意思是「山丘頂上」，而「Bricco Rocche」除了是葡萄園的名稱，同時也是酒莊名。這個葡萄園位於巴羅洛村東北方約2公里處，為面向南方的斜坡地，海拔高度約350公尺。

當葡萄收成之後，首先放入附有溫度調節器的不鏽鋼槽裡，進行約1週的酒精發酵，將葡萄果皮浸漬約8～10天以抽取出色素等成分，乳酸發酵（malo-lactic fermentation）完之後，再將葡萄酒倒入容量為300公升的新橡木桶。Bricco Rocche也是屬於在經過裝瓶儲存熟成之後，味道才會變得更加香醇美味的葡萄酒。雖然Cicala葡萄酒遇到收成當年品質不錯，加上又放置15年以上的話，品嚐價值會更高，不過釀造年份較短的，卻不常見Cicala葡萄酒的特殊風味。

改革派所釀造出來的葡萄酒，特色就是酒呈略深的寶紅色，同時散發出一股來自於橡木小酒桶的香草香，所使用的葡萄品種所散發出的花香，口味不酸且味道清爽，喝起來彷彿就像是法國隆河（Rhông）的葡萄酒。改革派在葡萄酒發酵的溫度方面因為嚴格管控，因此釀造出來的酒比較少出現傳統派所釀造的葡萄酒中，偶而出現那稍嫌過濃的發揮酸。

Barolo Vigneto Arborina, Elio Altare

進口商為Racines。2001年份的葡萄酒零售價位為15,000日圓左右

Elio Altares屬於聖像破壞型的葡萄酒製造商，所釀造出來的葡萄酒風味比傳統派的巴羅洛葡萄酒，還要貼近用義大利品種的葡萄所釀造出來的美國加州葡萄酒。

Vigneto Arborina位於巴羅洛北部約3公里處，面向朝南的葡萄園，海拔高度約270公尺。葡萄樹種植的密度方面，平均每1公頃約5,000棵，而平均樹齡超過50年。葡萄的收穫量非常低（每棵葡萄樹約釀造一瓶葡萄酒），平均每1公頃只能採收4.5～6公噸（35,000～46,000公升）。

葡萄收成之後，利用旋轉式發酵槽以34～36℃的高溫來進行酒精發酵，這個步驟只需40小時左右的浸皮，便可將色素充分萃取出來，同時還能夠防止單寧過度釋出。葡萄皮與籽分離之後，將葡萄酒倒入橡木小桶裡繼續進行酒精發酵，而乳酸發酵這個步驟也在葡萄酒冰櫃（barrique）裡完成。

激進派所釀造的葡萄酒，特色就是酒的顏色如同深沈的寶紅色，品嚐起來除了有內比歐露那新鮮又刺激香濃的果香；由於浸皮時間短，因此單寧的味道不苦澀。藉由旋轉式發酵槽等所進行的酒精發酵，讓葡萄酒的口感不僅更加順口，而且還瀰漫著凝結的果香味，在葡萄酒的矇眼測試（blind testing）中，經常被誤認為是黑皮諾（Pinot Nior）所釀造出來的葡萄酒。

讓人摸不透的產區稱謂

「蘇維瓦（Soave）呀！我對妳的愛可說是歷久不變！我將妳這塊璞玉磨成了玉石，賦予妳名聲，還將妳的芳名刻劃在世界葡萄酒的地圖上（中略）。無奈，一切都付諸流水了。夠了，我已經受夠了，這封信，就是我倆的訣別信*1！」

北義的反叛

蘇維瓦葡萄酒乃義大利東北部一個名為Verona的城鎮東部之處所釀造的白葡萄酒，而這個小鎮正好是《羅密歐與茱莉葉》這齣戲的舞台背景。同時，蘇維瓦還是世界知名的「廉價白葡萄酒」的代名詞。一般來說，不帶甜味的蘇維瓦葡萄酒顏色清淡接近透明，由於用的是尚未成熟的葡萄來釀造，因此散發出一股青澀味，再加上風味平淡無奇，因此大部分的日本人都會感覺到一種因處理不當的釀造過程所造成的微發泡性。雖然有極少數的生產者釀造出令人眼睛為之一亮的高品質葡萄酒，然而「蘇維瓦」這個產區稱謂卻給人一種價廉的印象，這點讓生產者感到相當困擾。

有關蘇維瓦原產地的分界線是在１９２７年正式劃分開來，並公開承認此屬於火山性土壤的斜坡葡萄園面積為１５００公頃。到了１９６８年，由於法定產區稱謂法（ＤＯＣ）的分級制度，而把將

*1 Anselmi, R.,"*Goodbye, DOC!*" (Monteforte, 2000)

近５０００公頃屬於黏土地質的平地區也劃入其中，因此人們決定將後者稱為Soave，前者則稱為Soave Classico（傳統產區的蘇維瓦）以示區別。豈知位於平地區的「蘇維瓦」葡萄果農為了能夠以「以斤銷售」的方式，將葡萄出售給公會和大型企業，因此處心積慮地想要將每單位面積的收穫量提升至最高，因而忽略了葡萄的品質。像這樣的葡萄果農為了達成目的，通常都會選擇產量較多或者是能夠無性繁殖（clone）[*2]的葡萄品種來繁殖。由於每棵葡萄樹所採收的葡萄果房數量太多，使得釀造出來的葡萄酒失去特色，也正因為果房數量過多，使得果實不易成熟，因而所釀造出來的葡萄酒風味稍嫌青澀。然而現在整個情況逆轉，這股「青澀味」搖身一變反而成為蘇維瓦葡萄酒的特色而為大眾所接受。

Robert Anselmi自１９９９這個釀造年之後，便公開表示今後不再使用「Soave」這個名稱，不過值得一提的是，對於這個產區稱謂法（ＤＯＣ）感到不滿而起抗衡的並非只有蘇維瓦葡萄酒，同樣來自於義大利威尼托州（Vigneto）的紅葡萄酒——瓦波利切拉葡萄酒（Valpolicella）的代表生產者Allegrini，對於混合使用依ＤＯＣ法強制劃定的產區內所生產的低品質葡萄來釀造葡萄酒一事感到厭惡，因此公開表示自１９９８這個釀造年開始，要分批地在葡萄酒上去除「Valpolicella」這個產區稱謂。另外一位巴爾巴萊斯克葡萄酒（Barbaresco）的生產者Angelo Gaja所宣稱的理由雖然不同，但也從１９９６這個釀造年開始，將「Costa Russi」、「Sori Tildin」、「Sori San Lorenzo」這三個義大利代表性的單一品種葡萄園所釀造出來的葡萄酒上標示的Barbaresco字樣去除。

新世界與舊世界

當舊世界不斷地將知名產區稱謂的地理範圍擴大的同時，新世界卻因開始檢討更加嚴謹的產區劃分法而引起眾議。例如位於澳洲南部的Coonawarra以一種名為Terra Rossa的紅土而聞名，大部分的人都認為這種含鐵量豐富的表土，若與石灰岩的下層土壤混合搭配的話，能夠讓卡本內蘇維翁葡萄酒（Cabernet Sauvigon）散發出一股獨特風味。澳洲ＧＩＣ這個產區稱謂委員會針對將Coonawarra這個葡萄酒產區的範圍，縮減至現產區範圍的3分之1，也就是1萬7000公頃這個提案，進行了長達6年的檢討，最後決定將界線訂在以釀造Coonawarra這個葡萄酒而聞名的Petaluma公司，其所擁有的Share Farmers, Vineyard範圍之外。

另一方面，因Kimmeridge這種石灰岩土壤而聞名的法國夏布利地區（Chablis），過去雖然公認其「土壤中所包含的石灰質，能夠讓夏布利葡萄酒散發出一股特殊的打火石風味」，然而過去這20年來由於葡萄園面積的擴張，讓部分不包括Kimmeridge成分、屬於黏土土質的葡萄園，也可以使用「夏布利」這個產區稱謂來釀酒。結果在1950年代面積僅500公頃的夏布利葡萄園，到了1990年代末葉卻擴大到4000公頃。

在1938年依法而劃分出的夏布利葡萄園，說不定哪天會以「Chablis Classico（夏布利傳統產區）」的稱呼以示區別也說不定。

＊2　從同一品種葡萄的各個母株中，依照所需求的目的，如收穫量、抗寒性、果實成熟速度、抗菌及抗腐抵抗力等條件，來加以限制篩選並予以登記。由於無性繁殖的目的不同，因此遺傳基因也隨之而異。

Anselmi Capitel Foscarino

進口商為Racines。2005年份的葡萄酒零售價位為2,500日圓左右

Anselmi與Pieropan這兩位均為蘇維瓦傳統產區（Soave Classico）具代表性的生產者。Pieropan的風格屬於傳統式、貴族式。另一方面，Roberto Anselmi則是屬於聖像破壞者，而且自我意識強烈的人，而這兩位的個性，也充分展現在其所釀造的葡萄酒上。

面積3公頃大的Foscarino葡萄園，位於離蘇維瓦村東北處約5公里、海拔350公尺的山丘頂上，為面向南邊的斜坡。葡萄的種植比例為Garganega 80%、Trebbiano di Soave 10%、Chardonnay 10%。這裡的葡萄是利用一種稱為Cordon的柵欄方式，並非用一般常見的Tendone棚架來種植栽培。 蘇維瓦的果樹密度為1公頃2,000棵左右，然而Anselmi葡萄園的果樹密度卻可高達6,000棵，所以能夠採收到果房小而味道卻相當濃郁的葡萄。一般葡萄園所採收到的蘇維瓦葡萄每1公頃可達18,000公升，但是Foscarino的葡萄園卻限制在4,500公升以內，一般果園的蘇維瓦葡萄每棵果樹可以採收到釀造12瓶酒的數量，但Foscarino果園裡的葡萄樹卻估算1棵只釀造1瓶葡萄酒。

兩種Piesporter葡萄酒

法國勃艮第地區（Bourgogne）利用19世紀後葉所頒布的各項法令，將原本單純名為「Gevrey」和「Puligny」這兩個源自於村名的葡萄酒名，巧妙地與境內知名的葡萄園名連結在一起，讓這兩個村子所釀造的葡萄酒得以「Gevrey-Chambertin」（１８４７年）和「Puligny-Montrachet」（１８７９年）這兩個名稱來銷售，同時還提高了消費者心中對這個來自於村名的葡萄酒之認知度。相較之下，德國在１９７１年所推行的產區稱謂改革，雖然能夠將原本默默無名的葡萄酒以低廉的價位來大量促銷，但相對的，卻讓原本知名度高的葡萄酒形象整個掉落下來。

１９７１年的葡萄酒分級制度

歐洲葡萄酒分級制度的推行背景幾乎都是同出一轍，以德國為例，１９７１年所推行的葡萄酒分級制度的修正法案，並非參考那些優秀的葡萄酒生產者所提出的意見，而是經由那些身為政治家票倉的小規模葡萄酒生產者所組成的公會，藉由政治的力量來推行的。這些分級制度內容的特徵，並非將葡萄品種、與葡萄園息息相關的自然環境因素、葡萄果實的採收量限制和釀造方法，以更加普遍的方式來下定義，而只是單純地將葡萄收成時所含的糖度（果汁比重）加以分類罷了。另外一點，就是擴大那些歷史悠久且長久以來以釀造品質優良葡萄酒村莊的範圍，允許那些位於這些村莊附近的村落所釀造的酒，也能夠冠上他們的葡萄酒名。不僅如此，緊接著還承認他們以「集合葡萄園」來稱呼，讓旁人在午聽之下，以為這些知名村莊與鄰近村落所釀造出來的葡萄酒，是由一個獨立的葡萄園共同釀製而成的。

在Piesport村裡，位於板岩土壤陡坡上的單一品種葡萄園「Goldträpfchen」所種植的高級麗絲玲葡萄（Riesling），平均每一公頃只採收4500公升，由於產量非常的少，因此只用來釀造Piesporter Goldträpfchen QbA*1。而在屬於黏土土質的平地中，所種植的Müller-Thurgau這種產量高且口感柔和的葡萄收穫量卻高得驚人，平均每一公頃竟可採收13000公升，而利用這種葡萄所釀造出來的，為屬於「混合葡萄酒（blend wine）」的Piesporter Michelsberg Spätlese*2；由於1971年所實施的葡萄酒分級制度，誤以為後者的品質遠超過前者。不僅如此，讓消費者更搞不清楚的，是這個名為「Bereich・〇〇〇」區域的存在，由於在特定地區中所釀造的葡萄酒上，可將其境內最出名的村名冠在「Bereich」這個名稱之後，因此只要是屬於德國摩澤爾流域中所釀造的葡萄酒，就一律稱為「Bereich Bernkaste」，而屬於Rheingau地區所釀造的葡萄酒，便稱為「Bereich Johannisberg」，以一種看似非常高級的名稱來銷售葡萄酒。這就比如在法國波爾多，像Bas-Médoc這種1瓶1000日圓的混合葡萄酒，也可以用「Bereich Margaux」的名稱來銷售般，給人一種高級葡萄酒的假象。

2種殘糖

一般人都以為「德國葡萄酒裡所含的殘糖，是來自於葡萄發酵後所另外添加的一種名為sussreserve的未發酵果汁」。而葡萄果粒中所含糖分，主要是葡萄糖（glucose）和果糖（fructose），一開始兩者的比例雖然各佔一半，但當酵母開始發揮作用時，風味較淡的葡萄糖會開始分解消化，到最後剩下的通常是果糖。為了讓發酵到一半的葡萄酒含有更多風味香濃的果糖，那些生產者會在發酵至完全沒有殘糖的葡萄酒裡添加sussreserve這種未發酵果汁，可是如此一來，葡萄酒的整體風味反而比發酵到一半的葡萄酒還要差。因此，現在摩澤爾與Rheingau的優良生產者均不再使用這種方法，而是利用降低發酵槽的溫度讓酵母停止活動，如此一來所釀造出來的葡萄酒變會散發出一股天然的香甜。

Goldtröpfchen的生產者對於釀造過程，通常都會執著到如此細微的部分，並利用具有濃濃礦物香味的麗絲玲葡萄，來釀造風味濃郁的葡萄酒。相對的，Michelsberg的生產者則是在生產過剩的Müller-Thurgau葡萄裡，加入sussreserve以增添風味，釀造並銷售味如糖水般平淡無奇的葡萄酒。前者的GoldtröpfchenＱｂＡ在日本的零售定價是1瓶約２０００日圓，而後者則是１２００日圓。除非試喝，否則幾乎所有的消費者根本無法理解這兩者之間為何有８００日圓的價差。不知要到哪天，消費者才會體會到那些Piesport村認真老實的生產者所花的苦心呢？

＊１　所指的是在１９７１年所制定的葡萄酒分級制度中，剛好跨進上等葡萄酒合格範圍邊緣的葡萄酒，在摩澤爾採收的麗絲玲葡萄，其果汁糖度所含的潛在酒精度數必須超過６％。而這個葡萄酒分級制度中規定，ＱｂＡ等級的葡萄酒可以用補糖的方式來提升酒精濃度。

＊２　歸屬於１９７１年所制定的葡萄酒分級制度中上等葡萄酒群之一。不過由於等級比ＱｂＡ和Kabinett高，不但不能以補糖的方式來提升酒精濃度，在摩澤爾採收的麗絲玲葡萄其果汁糖度所含的潛在酒精度數必須超過10％。

Piesporter Goldtröpfchen

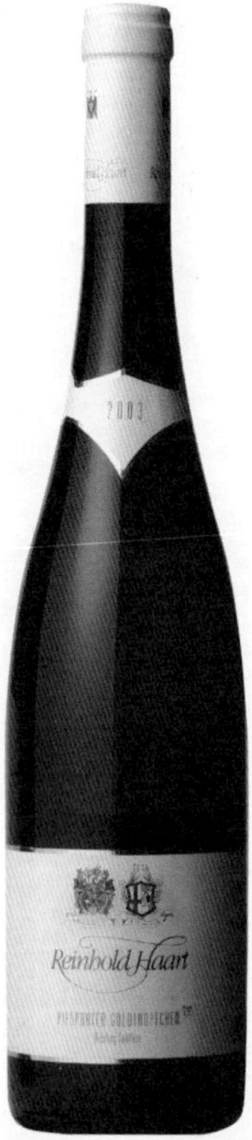

照片為Reinhold Haart公司2003年釀造的Spätlese。進口商為NIPPON LIQUOR LTD。零售價位為4,000日圓左右

在景致迷人的Piesporter村里，除了Goldtröpfchen（意思是「金色水滴」）之外，其他還有Domherr等品質優良的單一品種葡萄園。不過要特別注意的是，這個地方所釀造出來的葡萄酒，與所有鄰近村落被稱為「Michelsberg」集合葡萄園所釀造出來的葡萄酒是兩種不同的酒。這種乍聽之下會讓消費者誤以為是單一品種葡萄園的「集合葡萄園」，乃因1971年的葡萄酒分級制度而誕生，約150處。除了Piesporter Michelsberg之外，其他代表性的還有萊茵黑森（Rheinhessen）的Oppenheimer Krotenbrunnen、摩澤爾的Zeller Schwarze Katz（黑貓）等集合葡萄園。當「單一品種葡萄園」（Einzellage）的平均面積不過38公頃的同時，這種「集合葡萄園」（Grosslage）的平均面積竟然高達600公頃。VDP這個以生產優良品質葡萄酒的生產者團體，從1988這個生產年開始，禁止其會員以集合葡萄園的名稱來銷售葡萄酒。因此，連德國也開始進入以生產者的名字，而非以酒瓶標籤上的產區稱謂來挑選葡萄酒的時代了。

Chambertin的反論

在Gevrey-Chambertin這個產酒的村莊裡有9個特級葡萄園，其中以Chambertin葡萄園居冠。然而對於一般的消費者來說，這裡所釀造的葡萄酒卻未必幾乎與其葡萄園一樣頂尖美味。

Gevrey-Chambertin

Gevrey-Chambertin在葡萄酒產區稱謂法中，為Côte de Nuits這個產酒區中規模最大村莊（commune）*1，在佔地高達532公頃的金丘區（Côte-d'Or）裡，擁有面積廣大的葡萄園。Côte de Nuits裡只有24個特級葡萄園，但其中竟有9個集中在此村莊。以位於此村南邊海拔260～320公尺處面朝東方斜坡，屬於特級葡萄園內的Chambertin（12・9公頃）為首，其北邊緊鄰著Chambertin-Clos de Bèze（15・4公頃），南邊則緊鄰Latricières-Chambertin（7・4公頃）；Clos de Bèze的北部為Mazis-Chambertin（9・1公頃），而Mazis-Chambertin西部斜坡上方則為Ruchottes-Chambertin（3・3公頃）。從Clos de Bèze隔著一條Grand Cru街道，東部為Griotte-Chambertin（2・7公頃），其北邊緊鄰著Chapelle-Chambertin（5・5公頃）；隔著街道與Chambertin對望的是Charmes-Chambertin（12・2公頃），其南邊緊鄰著Mazoyeres-Chambertin（18・6公頃），特級葡萄區的面積達87公頃。

*1 葡萄酒產區稱謂法（葡萄酒分級制度）中所指的「Gevrey-Chambertin」，包括了行政區分上的 Gevrey-Chambertin村和Brochon村的南半部。

當中Chambertin-Clos de Bèze葡萄園所釀造出來的酒並非都統一稱為「Chambertin-Clos de Bèze」，取名為「Chambertin（香貝丹）」亦可銷售。同樣的，Mazoyeres葡萄園釀造出來的酒除了用「Mazoyeres Chambertin」這個名稱之外，亦可用「Charmes Chambertin」這個葡萄酒名來銷售。在Mazoyeres境內擁有葡萄園的生產者，大部分都以較具知名度的「Charmes Chambertin」這個葡萄酒名來銷售；但相對的，在Clos de Bèze境內擁有葡萄園的生產者，大多數卻直接採用「Chambertin-Clos de Bèze」這個葡萄酒名，反而捨棄知名度較高的「Chambertin」這個名稱。這個事實，給了我們一個暗示。

在Gevrey Chambertin村裡，地勢所造成的局部氣候影響非常重要。位於特級葡萄園群北方，有個名為Combe de Ravaut的陡峭小溪谷。由於這個小溪谷能夠阻擋來自西邊如冰雹等惡劣氣候，因此這裡的特級葡萄園甚少遭受到冰雹的摧殘，再加上冷空氣會從溪谷斜坡底部吹過，因而位於斜坡最上方的特級葡萄園幾乎不會受到霜害。其實在１９８５年，縱使Gevrey Chambertin有超過80公頃的葡萄園因霜害而遭到毀滅，特級葡萄園卻未傳出任何災情。在這個由西往東緩緩傾斜、西側斜坡上部屬於淺表土、排水暢通的特級葡萄園中，Chambertin屬於方位向南、日照充足的優良斜坡，１８５５年Laval博士基於各種理論而將這塊地列於最高等級，看來理由已經相當充足。

高產量的葡萄園≠高品質的葡萄酒

土地面積登記為12．9公頃的Chambertin葡萄園又再劃分成55個小區塊，分別隸屬約25名左右的生產者，其中還包括了像Armand Rousseau（2．2公頃）、Leroy（0．5公頃）、Denis Mortet（0．15公頃）以及Domaine des Chezeaux〔Domaine Ponson耕種、釀造〕（0．14公頃）等這些優秀傑出的生產者，因而製造出感動人心的好酒。可惜的是這樣的好酒不過是鳳毛麟角，一般的消費者根本無緣接觸，就這樣潛藏在高級西餐廳裡的酒窖（cellar）裡。可惜的是，一般在日本零售店所看見的Chambertin葡萄酒幾乎都是因商業主義走向而取其名，以價格來看，其實幾乎找不到名副其實、同等級的葡萄酒。

針對這一點，我個人認為共同耕種面積最小的特級葡萄園——Griotte-Chambertin的9位生產者中，以Domaine des Chezeaux〔分別由Domaine Ponsot與Domaine Rene Leclerc耕種、釀造〕、Claude Dugat，以及Joseph Roty這幾位優秀的生產者所釀造出來的葡萄酒水準最高，葡萄酒上若冠上他們的名字的話，品質的信賴度可說是相當具有保證。此外，因體會到栽培地勢的優越性，根據1936年公布的產區統一稱謂法，以「此地非Chambertin和 Clos de Bèze鄰近區域」為由，而被劃分為一級葡萄園的Clos St-Jacques（6．7公頃），其中5名所有者中就有4名為優良的生產者。我認為以流通在市面上的葡萄酒其評等的平均值來看，這裡所釀造的葡萄酒等級遠超過Chambertin葡萄酒。市面上Chambertin葡萄酒的售價一般為1萬5000日圓到3萬日圓左右，但Clos St-Jacques只要1萬日圓左右即可買到。

Chambertin, Domaine Armand Rousseau

進口商為LUC CORPORATION。
2003年份的葡萄酒零售價位為3萬日圓左右
台灣進口商為誠品酒窖獨家代理（詳細門市資料請參照附錄）

在Chambertin村內擁有2.2公頃這面積最大葡萄園的Domaine Armand Rousseau，為Gevrey-Chambertin葡萄酒的傳統派最具代表性的生產者，在1930年代為勃艮第地區首位開始進行從葡萄栽培到出貨這一貫作業的葡萄酒莊（domaine）之一，堅持栽種樹齡高且採收量低的葡萄樹，其所擁有的Chambertin葡萄園平均樹齡高達50年。然而他卻曾經歷過一個慘痛的經驗，由於在葡萄園裡因過量噴灑鉀（kalium）這種化學肥料，造成葡萄失去其原有的果酸味，結果在1970年代後半竟不小心讓葡萄酒在裝瓶之後產生二次發酵。

總歸一句，我認為擁有Clos St-Jacques這個一級葡萄園Charles Rousseau所釀造出來的葡萄酒品質，遠比那些特級葡萄園如Ruchotte-Chambertin或Mazis-Chambertin來得佳。所使用的橡木桶方面，用來釀造Clos St-Chambertin的有70%為新桶，而用來釀造Ruchotte 或Mazis的卻只有30%為新桶。此外，在葡萄酒莊（domaine）處試飲的時間，Clos St-Chambertin通常進行在Ruchotte或Mazis之後。

是誰將葡萄園土地分割？

翻開Côte-d'or的土地登記簿，裡頭所登記的那些特級葡萄園的所有者，幾乎都是從未耳聞的名字。在這裡連一塊地也沒有的葡萄果農，其實能以某一特級葡萄園的葡萄栽種兼釀酒者的身分來進行銷售。

教會

在考古學上的論證，法國的勃艮第至少在2世紀前，就已經開始種植葡萄並釀製葡萄酒。然而為現在的勃艮第地區奠定名聲根基的則為教會與修道院，其起源可追溯至梅羅文加王朝（Merovingian，5世紀～8世紀後半）。記錄中提到，教會擁有葡萄園一事乃起自於５８７年，Clovis1＊1的孫子，Guntram捐贈葡萄園給Dijon的Saint Bènigne修道院。６３０年下勃艮第王國的國王也將Gevrey-Chambertin、Vosne-Romanèe，以及Beaune的葡萄園捐贈給Saint Bèze修道院。Saint Vivant修道院則是在１２３２年因獲得勃艮第女大公賞賜，而獲得現今的Romanèe、La Romanèe、La Tache，以及Richebourg、Romanèe Saint Vivant等葡萄園，而熙篤派（Abbaye de Cîteaux）修道會也從12世紀到14世紀，開墾了將近50公頃的Clos de Vougeoy葡萄園。從這件事可看出此時的葡萄園規模不僅較大，而且似

＊1　為統一全法國的國王（在位期間為４８１～５１１）。４９６年正式改宗為正統派的天主教，同時還獲得了基督教會和羅馬人的支持。

乎同屬一位所有者之名下來管理。

革命以後

經過中世，勃艮第的葡萄園幾乎為教會或貴族所擁有，然而１７８９年的法國革命卻讓這個情況整個改變。教會和貴族們因革命而使得葡萄園慘遭沒收，雖然１７９１年開始提交公開拍賣，可惜身為買方的一般市民由於手頭資金不足，結果演變成以分割葡萄園的方式來拍賣。加上１８０４年所公布的拿破崙法典*2因廢除嫡長子繼承制，制強迫依人數來平均繼承，自此之後，每傳一代所分到的葡萄園面積就越小，進而發展成現今50公頃大的Clos de Vougeoy葡萄園竟超過80人分割所有。

另一方面，近年來由於法國開始推行社會主義政策，漸漸遏止葡萄園土地慘遭細分的速度。尤其自密特朗（Mitterrand）政權成立以來，遺產繼承的課徵稅最高竟高達土地時價的40％，使得那些以家族企業方式經營的生產者，因無法負擔如此高額的繼承稅而不得不將葡萄園變賣。由於那些規模較大的股份有限公司會採購這些葡萄園，因而使得現今整個勃艮第的葡萄園所有者數量日益減少。

土地均攤耕種

隨著時代推移，這種依人數的平均繼承制使得葡萄園的土地被劃分地如同巴掌般大，繼承人光靠這些微薄的收入根本無法賴以為生。而近來這些葡萄園繼承人的動向開始有了明顯的改變，除了將葡萄園出租給其他生產者，以均攤耕種的方式從中獲取收成的葡萄以及和葡萄酒的一半分量之外，有的乾脆在週末耕種葡萄園，至於釀酒部分就委託公會來代辦。

以1995年作為個人最後一個商業生產年而退休的Henri Jayer（1922—2006）就是以上述的方式，向從事林業的兄長Georges Jayer租借其所繼承得來的Echèzeaux這塊葡萄園地，並以均攤的方式來耕種。葡萄收成釀成酒之後，將其中一部分的產品當作葡萄園的地租支付給哥哥Georges Jayer，而Henri在自己所擁有的Echèzeaux這塊地上所種植的葡萄，則與此地劃分開來。如此一來，光從這些交給Georges Jayer的葡萄酒瓶上來看，幾乎與Henri Jayer所釀造的酒無兩樣，甚至還可以看見店家將這些酒以「Henri Jayer的Echèzeaux葡萄酒」為招牌來銷售。

像這樣即使是葡萄酒代理商也無法區別，只有生產當事者才明白的酒瓶標示，生產量雖然不多，但這種情況卻非常常見，反而讓消費者更覺得混淆不清。像是在Pilugny與Chassagne擁有優良葡萄園的Domaine du Duc de Magenta，就與Louis Jadot公司簽下長期契約，提供收成80％的葡萄並委託對方釀酒及銷售，同時，也從中獲取部分釀好的葡萄酒。1990年代初期日本從Magenta公司進口的Chassagne-Montrachet Morgeot Clos de la Chapelle葡萄酒，與Louis Jadot公司代理商所進口的同名葡萄酒在標籤有些細微差異。由於Magenta公司的零售價僅為Louis Jadot公司葡萄酒出口價的3分之1，到最後卻不幸發展成偽酒騷動。

一般來說，在因土地均攤耕種或葡萄供給契約下釀造而成的葡萄酒中，究竟要用哪一桶葡萄酒來當作地租或部分葡萄採購貨款來償還給地主，其決定權在於租地人與釀造業者身上。因此，常有人說租地人和釀造業者都會將最好的那桶酒留在身邊。

＊2　此本法典自法國革命時期即開始進行編纂，於1804年3月的第一共和執政府時代正式公布為《法國民法典》。到了第一帝國時期的1807年則正式改名為《拿破崙法典》，當時所公布的法典基本原則為「私人所有權絕對」、「個人意志自由」與「家族尊重」。

Echézeaux, Domaine Emmanuel Rouget

進口商為Finesst。2003年份的葡萄酒零售價位為3萬日圓左右
台灣進口商有誠品酒窖（詳細門市資料請參照附錄）

Henri Jayer的外甥Emmanuel Rouget在Henri 退休之際，即繼承了他的葡萄園。Rouget所釀造的Echézeaux除了來自於Henri Jayer和Lucien Jayer的葡萄園之外，部分還來自於Georges Jayer所擁有的數塊土地均攤耕種的葡萄園。因此，Rouget除了親自耕種所分配到的Jayer這三兄弟所屬的葡萄園之外，釀酒方面還必須照法律規定，依地主不同來分開釀造。在分配到的葡萄園裡收穫釀造而成的3種葡萄酒，必須各分一半給Jayer三兄弟（或是其他土地繼承人）以當作地租，而剩下的這3種葡萄酒則自行加以混合調配，以自家釀製的葡萄酒來銷售。市面上其實流通著4種Emmanuel Rouget所釀造的Echézeaux葡萄酒，然而每瓶酒的風味卻有顯著的差異（bottle variation）。換句話說，從Henri那裡分配得來的葡萄園乃名為cru的區塊，Lucien的部分則為les treux區塊，Georges的葡萄園則包含這兩種區塊。一般來說，cru區塊所含的黏土性較少，而且排水也相當通暢。

１９９２年的卸任

１９９２年，Lalou Bize-Leroy因親姊姊的決議而不得不卸下Domaine de La Romanée-Conti（ＤＲＣ）董事長一職。

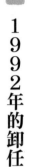

Leroy

Maison Leroy為一葡萄酒商（negociant），１８６８年成立於勃艮第的一個名為Auxey-Duresses的小村莊裡。第三代繼承人Henri Leroy從第一次世界大戰到第二次世界大戰這段期間，由於將勃艮第地區的白蘭地輸出至德國的Asbach公司，因而致富。１９４２年Domaine de la Romanée-Conti公司才剛法人化，Henri Leroy就利用累積得來的財富買下其50％的股份。不僅如此，他還以ＤＲＣ為後盾資金，於１９４５年將因受到葡萄根瘤蚜蟲害而慘遭荒廢的Romanée-Conti葡萄園裡所有葡萄樹，全都拔起並移植新樹，這筆資金甚至還成為買收部分Montrachet葡萄園的來源。Henri Leroy於１９８０年去世之後，ＤＲＣ的股份與決議權則由他兩位女兒Pauline Roch-Leroy和Lalou Bize-Leroy均分繼承。

Maison Leroy以葡萄酒商（negociant）的身分來創業，主要業務為葡萄酒和烈酒，可惜受到時代背景的影響，葡萄酒方面的業務一直無法擴展成功。奠定葡萄酒商名聲並持續經營到今日的，其實要歸功於以23歲的年輕姿態就進入這個家業的Marcelle（現在稱她「Lalou」）。１９５５年開始，她便盡心盡力積極地訪問勃艮第的生產者，並試飲他們所釀造的葡萄酒，只從中挑選採購品質最佳的葡萄酒桶，同時以Maison Leroy的招牌來銷售。人格高尚、自我主張強的Marcelle對於每年主動地向固定生產者採購的數年契約，以及必須顧及人情的採購方式非常厭惡。即使採購價格高昂，她依舊堅持選擇性地採購最佳品質的葡萄酒，因而穩坐在「品質保證的Leroy」寶座上。不料這種採購方式到了１９８０年卻面臨破局，因葡萄酒的價格持續位於在高價位，幾乎所有生產優良品質葡萄酒的生產者，都紛紛轉向由葡萄栽培到裝瓶的一貫作業上，這造成了Marcelle無法以整桶（barrique）的方式採購自己精心挑選的葡萄酒。生產者們理所當然會將品質最好的那桶葡萄酒，自行裝瓶之後標上自己的姓名並以高價售出，如此一來葡萄酒商們迫不得已，只能銷售那些品質次等的那批葡萄酒。

對於品質相當執著的Lalou Bize Leroy來說，只剩下一條路可走，那就是擁有一個屬於自己的葡萄園並自家釀造葡萄酒。因此１９８８年，Lalou決定收購當時出售中的Domaine Charles Neollat，連同親姐Pauline將個人手中所持有的Maison Leroy股份拋售3分之1給高島屋，成功地調度了將近６５００萬法郎的收購資金*1。與ＤＲＣ一樣設立於Vosne-Romanée村的Domaine Leroy公司，隔年併購了Gevrey-Chambertin村的Domain Philippe Remy，創造出一個擁有9個特級葡萄園、面積超過22公頃的葡萄酒帝國。除了葡萄園之外，Lalou甚至還投資在酒莊上，除了改建Domaine Charles Neollat的舊酒窖，甚至還不計成本採購釀造品質優良葡萄酒時所需的設備，例如新的橡木桶等。不僅如此，她還將André Porcheret這位世界聞名的釀酒師，自Hospices de Beaune拉攏過來並賦予釀酒的重責大任*2。同年１９８８年，Lalou與丈夫Marcelle Bize以個人名義買下Saint-Romain的Domaine d'Auvenay，開始了不須聽命於其姐Pouline的意見，也不須擔心檢討公司利潤與股票分紅，只需專注在釀造頂級葡萄酒且不須受他人指使的自由釀酒事業。

DRC的糾紛

自1988年成立以後，Domaine Leroy和DRC之間的各種糾紛便漸漸地開始浮出檯面。Lalou所引進的雖為bio-dynamism這種不被DRC承認的特殊天然栽培方式，但她在這方面卻具有相當有力的發言權。據說她還公開批評那些不願採用此種葡萄種植方式的DRC董事們，甚至邀請那些參加DRC葡萄酒試飲會的媒體們來到Domaine Leroy村，不斷地告訴他們「Domaine Leroy所釀的葡萄酒品質遠超過DRC的葡萄酒」。尤其是這兩家公司分別在Richebourg與Romanée Saint-Vivant擁有土地，因此這兩家所釀造的葡萄酒，就會成為試飲的比較對象且經常受到大家關注，看是「哪一家釀的葡萄酒可以得到評論家的高評價」，或是看「哪一家的葡萄酒能以高價售出」。Robert M.Parker, Jr. 這位葡萄酒評論家在1988年，也就是Lalou的第一個生產年所釀造的Romanée Saint-Vivant給予98點最高評價，然而對於DRC所釀造的葡萄酒卻只給90點。自此之後，除了Romanée-Conti和Montrachet之外，在美國的葡萄酒市場裡，竟有Domaine Leroy所生產的葡萄酒交易價格超過DRC的情況發生。自家公司的董事長們成了最大的勁敵，更慘的是那些人竟然不顧情面、毫不客氣地批評DRC的葡萄酒，這樣的情形讓其他DRC的股東情何以堪？

＊1　縱使Pouline Roch-Lorey和Lalou Bize Leroy個人擁有DRC50%的股份，不料誤以為Maison Leroy為法人團體的報章媒體卻報導成「日本人打算收購Romanée-Conti」，消息一傳出即在法國國內釀成反日情仇，進而演變成政治紛爭。

＊2　由於理念與Lalou Bize-Leroy不合，Andre Porcheret於1994年又再度返回Hospices de Beaune，之後即退休。

投機

長年以來，為了避免投機交易，同時讓所生產的葡萄酒能夠遍及全世界，DRC採取每1瓶Romanée-Conti搭配11瓶其他紅葡萄酒的方式來銷售*3。此外，針對銷售額佔50%的美國與佔10%的英國，DRC以直接出口的方式來銷售，其他的國外市場則透過Maison Leroy來經銷。DRC這種葡萄酒銷售方式為Maison Leroy帶來的既得權益，對擁有剩下50%股份的de Villaine一家而言固然引發不滿，不過對於掌握著4分之3DRC葡萄酒營業額的Maison Leroy而言，這可是個攸關生死的問題。因此儘管de Vallaine再三表明心態，然而這種銷售方式卻從未終止，且一直持續到1992年（1988生產年），也就是Lalou卸任這一年為止。

1980年代末期日本的葡萄酒業者從歐洲各國進口葡萄酒，並照價購買Romanée- Conti之後，歐洲的葡萄酒業者透過Leroy開始向進口商要求更多的分配額，同時將剩下搭配Romanée-Conti而出售的11瓶葡萄酒，以低於DRC出口價的價格平行出口至美國，造成美國的總代理商Wilson & Daniels公司在DRC方面經營失敗。另一方面，在美國佔了50%營業額的DRC也面臨大量的退貨，DRC不得已，只好默默接受這個事實，同時決定解聘Lalou Beiz-Leroy擔任董事長一職。

1955年以後，Maison Leroy之所以能以高價位，從生產者處購得最高品質的葡萄酒，同時建造容量面積大、專門用來收藏Auxey-Duresses酒窖，這些都歸功於DRC葡萄酒的營業利益，以歷史的立場來看，似乎顯得相當諷刺。

參考文獻：Olney, R., *'Romanée-Conti'* (Paris, 1991)
Mansson, P.-H., *'Behind the breakup at Domaine de la Romanée-Conti'* (Wine Spectator, 15 Feb. 1993)

＊3 這兩種酒的銷售搭配方式依收穫年不同而有所調整。以1988這個生產年為例，每瓶Romanée-Conti便搭配3瓶La Tâche、2瓶Richebourg、3瓶Romanée、1瓶Grands Échézeaux以及2瓶 Échézeaux。

Romanée-Conti

進口商為Fwines。2003年份的世界流通價格以日幣換算約80萬日圓左右

Lalou Bize-Leroy之所以會慘遭DRC解聘而卸下董事長一職，契機來自於Romanée-Conti在日本的投機交易，這個說法可說是廣傳於全世界葡萄酒業界的各個角落。然而，為何會產生這種投機交易，其背後的原因似乎讓人誤解。據說日本以外的國家流傳著「（當時的）日本人對於葡萄酒明明一無所知，卻只想品嚐世界評價最高的 Romanée-Conti」，這番話在當時的日本國內引發了相當嚴重的問題。

DRC在將進口代理權移轉至Suntory（現為Suntory的分公司Fwines）的1988這個生產年以前，高島屋可說是獨佔性的進口並銷售其所生產的葡萄酒。DRC的葡萄酒不僅只在高島屋直營的葡萄酒鋪銷售，其售價也是美國和英國的3倍。這種「有限的賣場」再加上「異常的內外價格差異」，同時也隱喻著「若能夠平行進口的話，就能夠以3倍的價格來銷售」。因此在1980年代當時，那些高級餐廳和葡萄酒鋪的員工們會到歐洲或美國，並在當地到處搶購Romanée-Conti。將進口代理權移轉至Suntory的同時，雖然也解決了內外價差的問題，然而由於葡萄酒的進口數量通常屬於分配的情況，再加上整個世界對於葡萄酒的需求遠超過供給，因此現在平行進口的葡萄酒價位反而比較高。舉例來說，1996生產年的Romanée-Conti的零售價為16萬日圓，但同一時期以平行進口品而採購的葡萄酒價位卻超過25萬日圓以上，再加上近年有人大量採購DRC的葡萄酒做為投資基因，使得葡萄酒架異常高漲。

此外，高島屋現在也開始進口、販賣Leroy公司的葡萄酒，內外價差方面現已改進許多，其中有的售價甚至比美國的還要低廉。

Henri Jayer和Guy Accad

１９８０年代，在勃艮第紅葡萄酒的生產現場裡，出現了兩位超級明星級的釀酒師——Henri Jayer和Guy Accad。Jayer去世之後，依舊受到酒迷們的狂熱支持，但相對的，Accad卻受到猛烈的抨擊，儘管兩人所使用的釀造方式不同，但所追求的目的卻完全一致。

Henri Jayer

以１９９５年作為最後一個商業生產年而退休的Henri Jayer，實際上為唯一能夠與Domaine de la Romanée-Conti抗衡的葡萄酒生產者，而這種情況一直到１９８８年Domaine Leroy出現才遏止。貫穿整個１９８０年代，他所釀造的Échézeaux價位長久以來其實比ＤＲＣ的葡萄酒來得昂貴。

身為葡萄酒生產者的三男的Jayer，其實沒有什麼機會能夠正式學習釀酒這門學問，所有的一切均從經驗中學習，或許是這個原因，使得他對於新的釀造技術經常抱持著懷疑的態度。而現今喧嚷著不用除草劑和化學肥料的方式來種植葡萄的有機栽培法，其實Jayer實行的比現代人還要早。自第二次世界大戰以來，勃艮第的葡萄農在葡萄園裡噴灑大量的鉀（Kalium／Potassium）以促進葡萄生長，也因此葡萄數變得更加茁壯，葡萄顆粒也變得更加碩大，收穫量雖然提升，但因葡萄汁與葡萄皮的比例下降，反而造成釀出來的葡萄酒色澤淺淡，甚至缺乏特色。Jayer是其中一位發覺這項過失的釀酒師，他停止使用鉀，相對的收穫量也控制在其他生產者的一半，繼續釀造出色深味濃的葡萄酒。

在釀酒的現場，Jayer嘗試了各種不同的方法，經歷了多次實驗失敗，終於在１９７０年代的中葉奠定了屬於「Jayer口味」的葡萄酒。這種口味的葡萄酒違背了一般傳統的釀造方式，首先將黑皮諾葡萄（Pinot Nior）的梗１００％去除，目的在於追求更為純正的果實風味。Jayer只將葡萄果粒放入水泥發酵槽裡，冷卻至15℃之後，在進行酒精發酵前５～７天之內，先以低溫方式來進行浸皮（maceration）作業，如此一來便可萃取出較為安定的色素與葡萄果香，接著再回復到一般的溫度，利用天然酵母來進行酒精發酵。發酵過後再倒入１００％全新的橡木桶進行熟成、乳酸發酵作業，如此一來葡萄酒不須經過過濾處理，即可從橡木桶裡直接裝瓶。這種方式所釀出的葡萄酒與完全不進行除梗的ＤＲＣ方式釀出的酒不同，風味不僅更加高雅，同時還充滿著單純的葡萄果香。Jayer的這種釀酒方式不僅在勃艮第，全世界的黑皮諾葡萄釀酒廠均也普遍使用此種方式來釀酒。

Guy Accad

Guy Accad為黎巴嫩籍的葡萄栽培、釀酒顧問，於１９７５年在勃艮第成立事務所以來，事業巔峰期擔任了超過40個葡萄酒莊（domaine）的釀酒顧問，他的顧客包括了不少優秀的生產者，如Jean Grivot、Confuron-Contetido與Comte Senard。Accad的思想根源為復古主義，被那色澤與風味比１９７０年代所釀出的葡萄酒還要濃郁香醇的１９００年古勃艮第產葡萄酒所深深感動的他，試著想以化學的方式來解開「要如何重現１９００年代勃艮第所產的葡萄酒」這個謎題。

在那些經過他推動改革的葡萄園裡，有許多改革方式至今依舊廣受大家好評，例如提升植樹密度以減少每棵葡萄樹所收穫的葡萄果實數量，或是將葡萄收成的時間點延長到葡萄果將近過熟時等，唯一引起爭議的，就是他在釀酒方面的改革方式。針對釀造學尚未發達的1900年代，Accad將焦點放在葡萄酒的色素量並提出一個結論，「最好的色素和香味成分必須在發酵前尚未含有酒精成分的狀態時萃取出來」。他的出發點與Jayer一樣，就是要「讓勃艮第的葡萄園回到和戰前一樣的狀態」，另外還要「在酒精發酵前將色素抽取出來」，但Accad卻採取激進的手法來推動這個理念，在進行50～75%的除梗作業之後，添加100ppm左右的二氧化硫（SO_2），這個用量是一般人的2～3倍，目的是為了抑止酒精發酵，也就是以人為的方式來控制酵母活動。同時並行的還有將發酵槽的溫度冷卻至8～15℃，進行為期5～10天的低溫浸皮作業。依這種方式釀造而成的「Accad口味」葡萄酒顏色較深，而且充滿一股來自葡萄的果香。

或許是改革過於戲劇化，也可能是因為Accad的出身既非勃艮第也非法國，與他有關連的葡萄酒自那時開始就慘遭人們猛烈批評。葡萄酒裝瓶的這個階段所殘留的濃度，明明與其他生產者沒什麼差異，只因為添加了高濃度二氧化硫的這個步驟，遠遠地脫離了儘可能避開人為操作的時代潮流，加上葡萄酒的果香過於濃郁，使得酒中那股原本來自於葡萄園的風味整個被遮掩住，人們因而批判「Accad所釀的葡萄酒味道都一成不變」。雖然在矇眼測試中Accad所釀的葡萄酒，常讓人誤以為是北隆河（Rhông）的希哈葡萄（Syrah）所釀製而成的，實際上，1986年份的部分Confuron-Contetidot葡萄酒即以「非典型的葡萄酒」的理由而禁止標上產地稱謂。英國評論家老愛提出的「光靠裝瓶熟成是無法提升葡萄酒的品質」這一點，實際上1992年Accad在英國布里斯托（Bristol）所舉辦的葡萄酒座談會上，即受到專家們的猛烈抨擊，就連我自己本身也是投下反對票的其中一人。的確，Accad的葡萄酒在座談會上試飲的時候，由於才剛釀製而成，因此果香相當強烈，喝起來覺得每瓶味道都一樣，明顯地讓人感覺好像已經失去了「土地的原有風味」。但到了1980年代後半，由於深受到Accad的影響而使得當今葡萄業界整個處於裝瓶熟成的高峰期，當我們重新再次品嚐Accad所釀造的葡萄酒時才恍然大悟，驚覺酒中竟沒有多餘的雜味，口齒之中散發出各個葡萄園所獨有的風味。

原本想再次拜訪Accad，對於自己的錯誤判斷向他致歉，然而卻因Guy Accad到了１９９０年代後半行蹤不明而無法如願。

薄酒萊新酒（Beaujolais Nouveau）

以「市政大廳前之吻」而聞名的巴黎攝影師Robert Doisneau（１９１２－１９９４）於１９５４年12月拜訪薄酒萊地區。薄酒萊新酒在當時還尚不為人知，而Doisneau卻將那些釀造此批葡萄酒的葡萄果農身影，以泛黃舊照片的手法拍下*1。

Nouveau

１９５１年正式許可出口的薄酒萊新酒，在世界各地引起了一陣風潮，而其成功的祕訣就在於成功地行銷手法，將原本的銷售解禁日12月15日提前至11月15日，趁著其他產區的新酒尚未上市之前就已賣掉大半，為了避免解禁日因與週末撞期而造成流通運輸上的問題，自１９８５年以後即將解禁日改為每年11月的第三個週四。

然而葡萄酒促銷成功的產地最常遭遇到的窘境，就是因過量生產而日漸忽略了檢討品質，不然則是在生產葡萄酒的過程中遭人揭發醜聞，甚至因南法或義大利的新酒比薄酒萊新酒提前一個月銷售，而使得銷售市場遭到瓜分，一旦遇到這些情況，這些產地就會失去過去曾經擁有的氣勢。１９８０年後半的日本市場，不但將品質一般的薄酒萊新酒單瓶理想零售價設定在４０００日圓以上，在當時的

*1 Karow. S., Doisneau, R., *"Paris in the Fifties"* (1997)

高級餐廳裡，消費者竟也要花費1萬2000日圓的代價才能喝到，簡直就像是沈浸在享受Romainée-Conti的氣氛當中般來品嚐薄酒萊新酒。就算當時一瓶薄酒萊新酒的酒莊出窖價為300日圓左右，但光是空運到日本，每瓶酒就要將近1200日圓左右的空運費。雖然2006年生產的薄酒萊新酒（空運）平均零售價為2200日圓左右，整體的價位雖然下降許多，若不是因為空運費下降、業者削減佣金，否則售價是不可能調降的。

然而不管是在80年代或是現在，日本90％以上的薄酒萊新酒都是靠空運進口。但比空運進口的酒還要便宜1000日圓左右的薄酒萊新酒日本人卻不屑一顧，就只因這些酒要等到解禁日後2～3週才會依船運的方式進口到日本來。這種一年當中只將葡萄酒的消費品嚐日限定在其中2～3天，剩下的完全不予理會的情況，對於葡萄酒產地來說是相當危險的。

出貨期限

從商業的角度來看，銷售成功最大的因素就是因為推出的是薄酒萊新酒。然而由於出貨日是無視於當年的氣候就事先決定的，這一點對於葡萄酒製造商來說，簡直比惡夢還糟。為了趕在11月的第3個禮拜將酒送到世界各地同時銷售，大家最晚在11月的第1個禮拜就要裝瓶完畢。葡萄收成的時間雖然依酒莊的規模大小而有所不同，但將時間往回推算，即使葡萄尚未成熟，酒農從9月的第3個禮拜就必須開始進行採收。產區管制稱謂法中明文規定，整個園內的葡萄必須用較花時間和人力的手工方式來採收，否則不可印上「Beaujolais」這串文字。即使是在薄酒萊地區，供給大半新酒的AOC Beaujolais葡萄園由於排水性差，再加上其最理想的收成時機還比等級更高一層，村名亦為 Beaujolais 或 Beaujolais Villages的葡萄園遲，這點讓整個情況更加惡化。

為了趕上解禁日，農家只能採收那些尚未成熟的葡萄，但如此一來，葡萄酒在釀造階段就必須添加大量的糖分才行。薄酒萊新酒的潛在酒精濃度通常為10％左右，成熟度非常低。因此葡萄收成之後，一般會利用添加糖分這個人工的方式來將酒精濃度提升至將近13％。由於釀造這個階段就是和時間在比賽，生產者可說是全心全力地投入各種可以縮短釀酒時間的酵素或過濾等技術。

總而言之，薄酒萊新酒為市場行銷導向的葡萄酒，這是不可隱藏的事實。同時，這也是為何有人批評「薄酒萊新酒散發出現金流（cash flow）的味道」的原因所在。儘管風評如此，生產者們卻還是托薄酒萊新酒的福，只要葡萄收成3個月過後，就有一筆不錯的現金入手，而不須像一般的酒莊經營者般，收成之後必須要等超過1年資金才能夠回收。

Robert Doisneau之所以去拜訪薄酒萊地區，主要是為了到常去的那家咖啡廳買house wine。而他們所挑選的最高級薄酒萊新酒每瓶售價為40centime（法國貨幣），這個金額就算花上一箱Doisneau常抽的高盧牌香煙（Gauloises）的價錢也買不到。

Brouilly Cuvée des Fous 2003, Domaine Jean-Claude Lapalu

進口商為 Village Cellars。零售價位為3,700日圓左右

誠如「Cuvée des Fous」（愚者們的葡萄酒）之名，它既稱不上是典型的薄酒萊，也不算是傳統的Brouilly葡萄酒。酒瓶方面，捨去勃艮第型而使用波爾多型的原因，讓人連想到這是為了引起人們的注意，希望大家「千萬別誤以為買到的是薄酒萊」。這種葡萄酒所用的葡萄是樹齡95年的嘉美（Gamay）品種，在酒精發酵之前先進行長達3周這個期間特長的低溫浸皮作業。因此，如果把Cuvée des Fous當作Brouilly來看待的話，酒會是呈現出帶深紫的酒紅色。香味方面，會散發出一股彷彿像八角（star anise）般的東方氣味，通常頂級的Pomerol也會散發出這種芳香。我想至少今後這10年之內，Cuvée des Fous的品質會因裝瓶熟成這個作業而大為提升。

禁忌的Valandraud

２０００年10月，針對Château de Valandraud等數位生產者（château），法國國家產區管制單位（ＩＮＡＯ）通知他們，其葡萄園中部分區域所生產的葡萄酒若標上「Saint-Émilion」等產區管制名稱的話，則一律不予以承認。

塑膠布的功過

ＩＮＡＯ之所以會如此聲明，主要是有人因鋪在葡萄園地上的塑膠布而起了爭論。在葡萄園地鋪上塑膠布自１９８０年起在法國屬於葡萄栽種上的新技術，在當時仍屬實驗階段，從收成的數週前開始即在葡萄園內鋪滿塑膠布，以免雨水滲入土壤裡。如此一來不僅能夠限制葡萄樹根所吸收的水分，即使在收成前不幸下起雨，依舊能夠採收到味道香濃的葡萄果。因為這層塑膠布，即使下雨過後，果農們也不太需要撒上防霉劑防霉，也因此能夠不仰賴化學農藥，以更加自然的方式來栽種葡萄。這就和Valandraud所使用的方式一樣，由於葡萄園裡鋪上一層白色的塑膠布，利用太陽的反射可讓果實更加成熟，而這個技術在收成期間經常下雨的波爾多和勃艮第發揮了相當大的成效。實際上１９９９年這個生產年，由於收成期間所下的雨，而讓葡萄果因吸水過多而變得腫大的波爾多右岸當中，使用塑膠布與沒有使用塑膠布的地區，這兩者之間所釀造的葡萄酒在濃度上有著顯處的差異。

這項技術對於那些排水性差的黏土性土壤或是地面較平坦的葡萄園特別有成效。因此，即使是過去那些被劃分為「只能生產出平淡無奇的葡萄酒」區域，現在透過這項技術，也有機會生產出能夠令人印象深刻的好酒。ＩＮＡＯ在２０００年5月首次做出禁用這種塑膠布栽培方式的決定，據說主要的原因在於勃艮第地區提出抗議。由於這項法令，那些已經奠定名聲的葡萄園，例如Petrus、Cheval Blanc與Malugo即終止這項「實驗」，然而那些不願聽從ＩＮＡＯ的勸告，依舊繼續實行塑膠布栽培的葡萄園，例如Valandraud、Clos Badon、Fontenil和Carles的部分區域所生產的葡萄酒，則無法得到產區統制的稱謂，最後演變成以普級餐酒（Vins de Table）這個不須列出產地的最低等級來銷售。

暗溝排水與濃縮機

然而，對於ＩＮＡＯ的這項決定，當中還是有不少無法令人理解之處。針對有人指出「塑膠布栽培會把產區甚至當年收成的葡萄風味整個抹煞掉」這一點，在某種程度上是可以理解的。然而ＩＮＡＯ對於將瓦管埋設在葡萄園下，作成暗溝來排水這個明顯會影響到收成當年葡萄風味的技術，卻幾乎毫無限制性地接受。實際上，標上梅鐸（Médoc）這個產區名稱的葡萄園地底下四處均埋設了排水管，而在Château d'Yquem這１０２公頃大的葡萄園裡，也埋設了將近１００公里的排水管。不僅如此，就連在勃艮第一些保水性較差的地區，近年來也開始將搗碎的松樹皮覆蓋在土壤表面，以防止土壤中的水分蒸發。對於土壤改良的這個作業，也不需要ＩＮＡＯ的許可即可進行。倘若ＩＮＡＯ主張「太陽光線會因為塑膠布的反射，而對葡萄果的成熟產生巨大影響」的話，理應允許農家研發不會對太陽光線產生影響的塑膠布才是。但更令人不解的是，近年來波爾多地區已漸漸普遍使用逆浸透膜或減壓蒸發這類濃縮機，將發酵前的果汁水分去除10%左右，然而ＩＮＡＯ卻一味地反對生產者直接在葡萄園裡將葡萄風味濃縮的技術。ＩＮＡＯ默許生產者在酒窖以物理、化學的操作方式來濃縮果汁的這個舉動，只會讓人感到愚蠢，到頭來甚至還會演變成ＩＮＡＯ主張同意「只要消費者看得見的地方一律禁止，但若是在暗處，則無禁忌」。

１９８７年，由於Château Petrus的葡萄採收季節正值下雨，因此生產者利用直升機飛行所帶來的風力將葡萄果上的水滴吹落，相同情況的１９９２年與１９９３年則是在葡萄園裡鋪上一層塑膠布。接著在１９９９年在葡萄園的壟間排放鋁板以預防葡萄果因水分過多而腫大。２０００年經過ＩＮＡＯ勸告之後，Christian Moueix宣告今後不再使用此種技術，但另一方面，他也向ＩＮＡＯ呼籲，希望能夠禁止在酒窖內使用濃縮機來釀造葡萄酒。

Château de Valandraud

2000年份的零售價約4萬日圓左右
台灣進口商有誠品酒窖（詳細門市資料請參照附錄）

有關2000年份生產的Chéteau de Valandraud，INAO針對在同一釀酒廠所擁有的8公頃葡萄園當中，其中0.85公頃所收成的梅洛葡萄（Merlot），以鋪上了塑膠布為由，而禁止生產者在葡萄酒標籤上使用AC Saint-Émilion Grand Cru這個管制稱謂。針對這一點，釀酒廠的主人Jean-Luc Thunevin依據法國的葡萄酒分級制度，將這個區塊所釀成的葡萄酒以分級制度中的最下一層等級，以普級餐酒（Vins de Table）這個品質區分來公開銷售，酒名方面取了一個具有挑戰性的名稱——L'interit de Valandraud（被禁的 Valandraud）。不僅如此，Thunevin甚至還將不可標上收成年份的普級餐酒其售價定的比同年生產的Château de Valandraud還要高，充分向INAO表示出挑釁的意味。

「Robert Parker（具有相當影響力的葡萄酒評論家）說不定會認為只生產4,800瓶 L'interit de Valandraud的評分會比Valandraud來得高」。這個推測，在葡萄酒貿易商間四處傳起，讓人不禁猜測是否又會重新燃起生產者對INAO的批判。不過實際上Parker對於這個普級餐酒的評價卻比貿易商的預測低（85～87分。2000年份的Valandraud則為93分），Jean-Luc Thunevin所提出的這個論題，最後卻因此而不了了之。

波爾多衛星地區

「影響葡萄酒品質的最大要素，總歸一句話，就是葡萄園主人與其經營方針＊1」

Alexis Lichine（１９１３—１９８９）

波爾多衛星地區

近年來，Côtes de Bourg、Premieres Côtes de Blaye與Côtes de Castillon等，這些過去被鄙視為波爾多的衛星地區，現在卻如同彗星一般，出現了品質超越那些標示梅鐸（Médoc）產地名稱葡萄園所釀造的葡萄酒。１９８０年代末期，我以採購的身分屢次造訪吉倫特河（Gironde）右岸，想要找尋整個作業流程從生產到裝瓶都由生產者負責，而且在日本的零售價能以１５００日圓來銷售的葡萄酒。對於當時的我而言，即使從Robert Parker或Alan Spencer那裡得知這種葡萄酒的存在，簡直超乎我的想像，一時之間無法置信。當我帶著Hugues Lawton這位波爾多知名的葡萄酒中間商的推薦函，去拜訪這些衛星地區的生產者們時，卻發現儘管他們是Lawton所推舉的「地方績優生產者」，但他們的設備卻依舊屬於「貧農」等級，酒莊內部不僅骯髒，就連葡萄酒裡也零星可見因微生物所造成的污染。當時因那次的訪問而飽受衝擊的我，在筆記中這麼寫著，「波爾多的酒商（négociant）應該要像加州的生產者

＊1 Lichine, A., "*Alexis Lichine's Guide to the Wines and Vineyards of France*" (1979)

一樣，親自購買葡萄並自家釀造才對，而不應該向小規模生產者以整批的方式來採購剛發酵完的葡萄酒。」儘管從Malugo搭船不到五分鐘，但Bourg與Blaye和對岸的梅鐸卻宛如截然不同的世界，拜訪了生產者之後，不到五秒，我便後悔為何要穿正式的黑西裝來到這裡。

Roc de Cambes

Roc de Cambes位於多爾多涅河（Dordagne）右岸的Côtes de Bourg，為該地區具代表性的葡萄園之一，也是自愛波爾多的衛星都市當中所生產的葡萄酒交易價極高的地區之一。１９８０年代末Hugues Lawton交給我的那張推薦名單中，之所以找不到這個葡萄園的名字，原因應是Château Tertre-Roteboeau（Saint-Émilion）的主人、François Mitjaville買下這個葡萄園並開始積極投資的時間是在１９８８年。自此之後，這裡的葡萄酒達到一個如同戲劇般的變化，在這個離多爾多涅河不遠、面積９．６公頃的葡萄園裡，種植了65％的梅洛、20％的黑皮諾、10％的卡本內弗朗（Carbernet Fran）以及5％的馬爾貝克（Malbec），這些葡萄與Tertre-Roteboeauf那些被評為Cinderella Wine的葡萄酒一樣，採取低收穫量．晚收成的作業方式，將葡萄酒倒入水泥發酵槽裡進行酒精發酵之後，接著倒入１００％的新橡木桶裡，讓葡萄酒在小酒桶裡進行乳酸發酵。Tertre-Roteboeauf與Roc de Cambes這兩個葡萄園，雖然均生產口味獨特濃郁且風味不亞於１００％全新橡木桶所散發出來的橡木芳香的葡萄，不過Mitjaville比較了這兩處所釀造的葡萄酒，認為「Tertre-Roteboeauf口感滑順且香醇，就如同古典音樂般細膩卻讓人感到一股力量的存在；相對的，Roc de Cambes顏色較濃，就如同搖滾樂般讓人感到有股清澈的力量。」

Clos L'église

一提到「Clos L'église」，通常指的是 Pomerol所生產的，日本店家價位約在１萬５千日圓左右的葡萄酒，不過Côtes de Castillion的Clos L'église只要３０００日圓，就能夠讓人享受到與Pomerol的葡萄園同名，而且品質方面也相差不遠的葡萄酒。Côtes de Castillion的Clos L'église於１９９９年第一次生產時，是經由Château Monbousquet（Saint-Émilion）的Gérard Perse與Château Quinault l'Enclos（同上）的Alan Reynaud共同管理的葡萄園所釀製而成的。這個葡萄園裡的平均樹齡高達45年，因此釀造出來的葡萄酒不僅風味香凝，而全新的酒桶所散發出來的橡木香，又讓葡萄酒的味道更加濃郁。顏色不僅深沈且味道濃縮香醇，加上乳酸發酵這個步驟所用的又是１００％全新的橡木桶，簡直就是為了迎合Robert Parker這位葡萄酒評論家的喜好而釀的酒，不過只要花３０００日圓就可買到好酒，任誰都不會有怨言的。

文章開頭Alexis Lichine的那段話，乃出自於《１８５５年波爾多葡萄酒等級》一書當中。這番話見於１９７８年由個人所發表的修正版，不僅適用於「偉大的土壤風味」所釀造出來的葡萄酒，就連「對岸的荒地」所生產的酒也夠印證這段話所說不貲。

Château d'Aiguilhe

2002年份品質相同的葡萄酒零售價約3,000日圓左右

展現在「Saint-Émilion」東方的Côte de Castillon在波爾多雖然屬於小谷地產區，不過近年來卻出現了像Clos l'Eglise或Cap de Faugères這幾種脫穎而出的好酒，顛覆了人們心中那「平淡無奇的葡萄酒」印象。Château d'Aiguilhe與Côte de Castillon並列為葡萄酒新星，並為La Mondotte的Von Neipperg伯爵所買收。自伯爵的第一個生產年，即1999年之後，儘管在美國的零售價一直在25～30美元這個低價位，不過依舊釀造出令人眼睛為之一亮的葡萄酒。雖然1996這個生產年與伯爵無關，不過這次我將1999年份的酒連同1996年份的葡萄酒一起試飲做一比較。相較之下，1996這一年葡萄酒的價位即使低於1000日圓也沒有人要買，但相對的，1999這個生產年就算花5000日圓買葡萄酒，卻沒有人會感到心疼（不過一般來說，大家卻公認1996這個生產年的葡萄酒品質較佳）。在滿是一片葡萄紫的1999這個生產年，從Côte de Castillon這個產地稱謂來看，卻呈現出一種超乎人想像、色調極為深沈的酒紅色，來自於橡木桶的咖啡、麵包香，與源自於葡萄果那如同藍莓的果香融為一體，讓葡萄酒的風味更加具有深度。Château d'Aiguilhe屬於充分萃取而成、風味最為香濃（full-bodies）的紅葡萄酒，味道略微獨特，不過每瓶價位若為3,000日圓上下的話，就應考慮以整箱的方式來購買。

Santa Barbara

一站在Sanford & Benedict Vineyards，儘管離海邊有30公里，葡萄樹依舊被寒冷的海風吹動的如同波浪般晃蕩不停。

海風吹拂下的葡萄酒

Santa Barbara屬於靠海地區，從洛杉磯出發北上約2個小時即可到達。這個地區四處盛開著亞熱帶的植物，是個保有佈道院風格（mission-style）街道的美麗保育地。以這個城鎮名為葡萄園名的Santa Barbara County（郡）邊界起點，只要開車繼續向北行30分鐘即可到達。由於這裡的氣候寒冷，因而能利用勃艮第或北隆河品種的葡萄來釀造出令全世界驚艷的葡萄酒。

Santa Barbara這個葡萄產區之所以在加州這個充滿多樣化的葡萄產業中，佔有相當特殊的地位，主要是因為加州這個地區的山脈較特殊，屬於東西走向，再加上河川以直角方向流入太平洋，冰冷的海風貫穿過如同隧道般的山谷，冷卻了位於內陸的葡萄園，因而成了世界上葡萄生長期間最長的寒冷地區。這個地區葡萄的發芽期起於2月中旬，但收成期延遲到11月是稀鬆平常的事。一旦想到Côte d'Or地區的發芽期始於3月上旬以後，而收成期於10月中旬前結束，光是這一點就可以看出Santa Barbara地區的葡萄生長期間有多長了。正因為生長期間長，因此葡萄果垂吊在枝蔓上的時間（hang time）也就隨之變長。如此一來，不僅能夠以完全熟成的葡萄來釀酒，釀製而成的葡萄酒也會散發出一股充滿繽紛果香的異國風味。

浮動洗衣房（Le Bateau Lavoir）

Santa Barbara所釀造的葡萄酒讓人感到不可思議的，就是那些規模雖小但卻具有破壞傳統能力的葡萄酒生產者。成立於１９７２年的Zaca Mesa酒莊，其存在可比擬20世紀初巴黎畫家心中的「浮動洗衣房*1（蒙馬特洗衣坊畫廊，Le Bateau Lavoir）」這個現代藝術的萌芽地，自此之後成立Byron Vineyards & Winery的Ken Brown、Au Bon Climat的Jim Clendenen、Qupe的Bob Lindquist以及Lane Tanner等多位葡萄酒革命兒便紛紛獨立而出。

支持Santa Barbara現今這種如同「浮動洗衣房」（Le Bateau Lavoir）自由文化的，是那些改建Bien Nacido Vineyard倉庫的聯合酒莊，也就是Au Bon Climat、Qupe、Costa de Oro以及Cold Heaven，那些不具有雄厚資本的葡萄酒生產者，他們沈浸在搖滾樂裡一邊跳舞一邊釀葡萄酒，甚至有時還可看見代表勃艮第的白葡萄酒生產者，如Dominique Lafon、Domaine Dujac的Jacques Seysses的蹤影。

在供給面上如此支持這些葡萄酒生產者的，就是Sierra Madre、Bien Nacido以及Sanford & Benedict這些不受契約約束的葡萄園，尤其是擁有後者的Sanford酒莊更是為令人尊敬的生產者，儘管自家葡萄酒釀造時所使用的葡萄，絕大部分都是從固定契約的葡萄園收購而來的，但他卻將Santa Barbara面積廣達45公頃，這唯一一個單一品種葡萄園所收成的葡萄，毫不吝嗇地與Au Bon Climat、Longoria、Hitching Post以及Lane turner，這些風格獨特的葡萄酒生產者一起分享，結果數種以Sanford & Benedict為名的黑皮諾葡萄在市面上銷售，讓加州四處可見梧玖莊園（Clos de Vougeot）的蹤跡。

Santa Barbara的名聲雖然建立在黑皮諾與夏多內這些勃艮第系列的葡萄品種上，不過在這個冰冷海風與從山邊吹拂而下的暖風邊界處，卡本內弗朗（Cabernet Franc）和梅洛（Merlot）乃是由Fred Brander和Richard Dore這些革命兒新秀所種植。然而實際上往內陸之處，甚至也已經開始種植適合寒冷氣候、品質優良的卡本內蘇維翁（Cabernet Sauvignon）。勃艮第地區的特殊土壤特色主要為其排水性，這個地區排水性佳的構成要素，在於葡萄園的斜坡度和土壤中的物理組成要素，相對的，Santa Barbara的葡萄酒裡所散發出的葡萄園特殊風味中，充滿著一股從園內吹拂而過的寒冷海風的濃濃氣息。

＊1　指位於Montmartre的角落，一個藝術家的共同工房，最後成為畢卡索、Georges Braque、Marie Laurencin以及Cubism（立體派畫家）的據點。

Santa Barbara Winery
Late Harvest Zinfandel Essence

進口商為 California Wine Trading。2003年份的零售價位為5,000日圓左右

此小酒莊寧靜地佇立在Santa Barbara這個美麗城鎮中心的Anacapa Street上，1962年為Pierre Lafond所設立。這個位置偏向Sanford & Benedict內陸處的自家葡萄園，因Lafond Vineyards的夏多內（Chardonnay）與黑皮諾這兩種葡萄而廣博名聲。此外，海風無法到達的地區所種植的卡本內蘇維翁（Cabernet Sauvignon Reserve），充分展現出因氣候寒冷而形成的豐富濃郁風味，讓那些已經習慣栽種於新世界葡萄風味的舌頭，感受到一股充滿新鮮口感的衝擊。

1993年份的Late Harvest Zinfandel Essence是瓶令人感動的葡萄甜酒，而讓人殷殷期待下一個生產年的到來，不料Santa Barbara之後直到1999年為止均未釀酒。1993年釀的葡萄酒平均每一公升含有310公克的殘糖，含糖量雖然比Tokaji Essencia多，不過以酒石酸的單位來換算，裡頭因含將近20克的酸，因此整體的味道能夠取得平衡，再加上酒精濃度才8.5%，種種因素相互配合，產生了一種如同蜂蜜醃漬的梅子般，讓人終生難忘、不可思議的風味。可惜的是，這棵葡萄樹由於樹齡過老而被淘汰，2003年為最後的生產年，不過整體風味卻相當接近1993年份所釀造的葡萄酒。

南非

哈佛商學院的麥克波特（Michael Porter）教授在其《國家競爭優勢》*1這本著作中提到，當一個國家的某個產業想要在世界上揚名成功的話，必須具備四大環境要素，那就是「生產因素」、「需求條件」、「相關與支援產業」以及「企業策略及同業競爭」，然而１９９０年初期南非的葡萄酒產業卻缺乏四大環境要素中的任何一項。

要素條件

所謂「要素條件」，指的是一個國家在某一生產要素中所佔有的地位，其中包括了土地、專業人力（勞工素質）和基礎建設。１９９０年初期以前的南非由於受到國際經濟制裁，不僅政局和經濟不安定，就連物流和葡萄種植方面也面臨著許多難題。

例如過去南非的葡萄酒產地其土壤性質與日本相同，都是屬於酸性土壤，因此平均每1公頃必須要撒上16公噸的石灰才能夠中和土壤的酸鹼質，但由於過於重量不重質，而且如果當地的夏日氣溫因超過40℃，而不適合生產高級葡萄酒的話，農家通常都會捨棄種植。葡萄主要產地開普州（Cape）其主要的消費市場，為距離此地１６００公里遠的約翰尼斯堡（Johnnesburt），由於兩地相隔遙遠，再

＊1　Porter, M., "*The Competitive Advantage of Nations*" (Harvard Business Review, March-April 1990)

加上國內基礎設備不夠完善，從開普敦（Cape Town）到約翰尼斯堡的運輸費用幾乎與出口到歐洲的運輸費用相差無幾。

需求條件

所謂「需求條件」指的是國內市場對該產業的需求性質，這裡的市場指是南非國內的葡萄酒市場。直至1991年為止，實際上由於南非政府實行種族隔離政策（apartheid），對於那些國外出口管道被封鎖的南非葡萄產業來說，國內就成了唯一的銷售市場了。不料南非國內的葡萄酒消費量卻長期傾向低迷，直到1990年為止，平均每人的年間消費量也才不過9公升左右，甚至整個國內竟找不到高級葡萄酒的消費群。南非即使因葡萄酒的生產量位居世界第8而引以為傲，然而其葡萄酒產品卻已經失去了方向，使得葡萄酒完全成了一種過剩的生產品，因此在供需之間該如何取的均衡，就成了生死攸關的重要課題了。

相關、支援產業

「相關、支持產業」指的是在本國之中，該產業的材料支援產業與相關產業是否具有過人的國際競爭力，以葡萄酒產業為例，有葡萄樹苗業者、橡木桶和釀酒機器設備製作廠商、玻璃酒瓶以及軟木的生產業者等。國際競爭力強的葡萄酒生產國，其實在這些環境因素上就已經佔了優勢，像是用來進行葡萄酒發酵和熟成的小型橡木桶製造商，大部分都是法國的公司，而研究無性生殖葡萄品種的國家以德國和法國最為先進。此外，世界規模最大的酒廠Gallo Winery在美國國內擁有屈指可數的玻璃瓶製作工廠做為分公司，所有自家公司需要的葡萄酒瓶均在此處生產製作。

相形之下，由於南非至今仍欠缺此種環境條件，結果造成競爭力的削減，也就是說，橡木桶與釀造設備的來源幾乎全仰賴進口，也品種優良的葡萄非常不容易得到，即使在1980年代中葉買到了無性生殖的夏多內葡萄，可惜種類只有一種，更糟的是，所得到的無性生殖葡萄品種卻因感染到病毒因而品質不佳。

企業策略與同業競爭

由於各國國內法律和習慣的不同，企業的成立、組織和管理形態也會隨之而異，再加上在同一國家之內仍會存在著勢均力敵的競爭對手，企業藉此可累積具世界水準的競爭力。對南非來說，最不幸的情況就是一個名為KWV的葡萄種植者合作協會的權力過大，這家酒廠長期以來掌握著葡萄酒實際的生產狀況，其他生產者逼不得已只好以低價量販的方式來銷售葡萄酒，不然就是大量生產白蘭地專用的葡萄。到現在即使每年葡萄的收成量超過100萬公噸，仍有一半以上用來製作蒸餾酒。

不過情況到了1991年大為逆轉，由於種族隔離政策的廢止，減緩了世界各國的經濟制裁，邁向葡萄酒的全球市場的寬敞道路完全呈現在眼前，不僅在波爾多和勃艮第的酒莊裡看得見，從南非前來此地研習的葡萄酒生產者，就連英國的超市業者也派遣Fling Wine Maker（釀酒顧問）前往南非指導。結果南非葡萄酒的進口量在1993年的英國葡萄酒市場，竟遠超過智利和紐西蘭的進口量，進而引起了一股南非葡萄酒的旋風。自康斯坦提亞（Constantia）*2這個傳奇光榮經過200年之後，葡萄酒的黃金時代終於又再次造訪南非了。

＊2　此為17世紀末到18世紀末由荷蘭東印度公司所釀造的白葡萄甜酒。與Château d'Yquem相比，當時的歐洲王公貴族較喜歡這種甜酒，據說就連拿破崙在被囚禁在聖赫勒拿島（Saint Helena）失意時也曾欽點過。

Hamilton Russell Vineyards Chardonnay

進口商為La Languedocienne。2004年份的零售價位為5,000日圓左右

一般來說，「法國葡萄酒的風味豐富且品質優良，相對的澳洲葡萄酒則極力追求濃郁的葡萄果香，居其中的就屬加州的葡萄酒」，不過南非葡萄酒的口味卻又剛好介在法國和加州之間。Hamilton Russell與Kanonkop同為南非代表性的酒莊，Kanonkop以南非的特有葡萄品種Pinotage，以及利用卡本內蘇維翁和梅洛葡萄混合釀造的波爾多類型紅葡萄酒而聞名，但Hamilton Russell最為出名的卻是夏多內葡萄釀造的白葡萄酒，尤其是單一品種葡萄園Ashbourne Vineyards所栽種的葡萄，其品質更是世界頂級水準。由於南非的葡萄園與酒莊均在非洲大陸南端的沃克灣（Walker Bay），從大西洋吹拂而來的冰冷海風，能夠降低葡萄園的溫度，如此一來能夠減緩葡萄成熟的時機。這裡所種植的夏多內風味，其基本標準就如同勃艮第優良白葡萄酒生產者之一Domaine Leflaive的葡萄般，果味不重但口味豐富複雜，有股礦石的風味，感覺較為清爽可口。

南非珍珠

「我做夢也沒想到，我竟然會成為農場的共同投資者」

Jane Jacobs（Klein Begin）的共同投資者

Top System

Top System在南非是種極為普遍的雇用形態，將在葡萄園和酒莊工作的部分勞動者，甚至大部分薪資以分配葡萄酒的方式來支付。直到1970年代為止，就連法國的葡萄酒業者也將其勞動員工的部分薪水，以每人每個月分配50公升葡萄酒的方式來支付，這點強烈地表示這是員工的福利，不過只要提出申請，員工也可以將得到的葡萄酒折現或換成礦泉水。然而南非的情況卻是強制性的，並沒有所謂的替代措施方案。由於種族隔離政策，當時南非出口的管道其實正處於封鎖的狀態，因此葡萄酒成了生產過剩的商品。或許是為了生存下去，酒莊才逼不得已採行這個Top System，即使南非農產品的生產量可能自給自足，勞動者對於那些用來取代薪水，但卻完全沒有銷售市場的葡萄酒可說是束手無策。因為這個雇用制度，使得南非許多非白人的勞動者患了嚴重地酒精依賴症，甚至有人批判這是另一種「新的奴隸制度」。

即使1991年種族隔離政策廢除，94年通過民主選舉出第一位非白人總統，96年在公布的新憲法上明訂禁止各種歧視，仍有部分的Top System殘留在南非社會裡。以近年的報告為例，勞動者在葡萄園每週平均的工作量雖高達74個小時，然而現金得到的週薪卻只有70蘭特（Zar，約170日圓）左右。這對過於習慣生活在自由民主國家的我們來說，可能動不動就會想「為什麼不離開那種地方，到他處另尋出路呢？」，其實南非這些勞動者實際上是住在酒莊內的員工宿舍裡，辭去工作同時也代表著失去住所。更糟的是，這些非白人的勞動者只會說南非語（Afrikaans），完全不懂英語，這在大都市裡根本不容易找到工作。據說就算從酒莊搬到可以棲身、如同兵營般的機動式建築（barracks），一般而言，裡頭其實沒有電視或傢俱的。

寫到這裡，南非的部分酒莊確實似乎在剝削非白人勞動者，但實際上這裡的工作環境並沒有改善的空間，這是不可否認的事實，然而經營成功的酒莊其實也正努力地利用各種不同的方法，來歸還那些勞動者應享的權益。

Alan Nelson

一位名為Alan Nelson的律師為達成孩提時的夢想，1998年在距離開普敦（Cape Town）不遠的Paarl買下一座葡萄園和酒莊。他說他在這座從破產農家處接手的57公頃大的葡萄園裡，看見因園地慘遭荒廢而對往後生活感到束手無策的黑人勞動者眼中所流露出來的絕望。Nelson在Nelsons Creek Wine Estate這座葡萄園裡首先實行的，就是廢除以葡萄酒支付勞動者薪資的Top System這個雇用制度，接著他與那些黑人勞動者約定，「如果你們能夠幫我完成我的夢想（這裡他指的是釀造品質優良的葡萄酒）的話，我也會幫你們完成大家的夢想」。

1988年，Nelsons Creek的葡萄酒在當地的葡萄酒評論會上得到金牌獎，於是Nelson趁這個機會將9公頃大的葡萄園分給16位黑人勞動者，其中還包括一位女性。這些勞動者們將這塊土地取名為

Klein Begin（小小的開始），之後還成立了一個名為New Beginnings（嶄新的開始）的合作協會。第一瓶由非白人生產的南非葡萄酒於１９９８這個生產年誕生，雖然品質優良但價格卻不貲，不過依舊受到世界各地的關懷，讓那些在南非葡萄園工作的非白人勞動者感到一股生存的希望。不求任何報酬，義務協助Nelsons Creek Wine Estate葡萄園釀造葡萄酒的Anzill Adams，在接受英國報紙的採訪時這麼回答，「這瓶葡萄酒裡頭其實裝滿了在長達３００年壓制之後所得來的名副其實的自由。」

在Klein Begin的葡萄園中，有個名為Paarl的產區，這個地名在南非語中指的就是「珍珠」。

New Beginnings Pinotage

南非當地的理想零售價為36蘭特（約600日圓），而日本的零售價為1,800日圓左右

New Beginnings是南非非白人勞動者初次生產的葡萄酒品牌之一。除了混合不同品種葡萄而釀成的紅白餐酒之外，他們還有用夏多內、梅洛、卡本內蘇維翁與皮諾塔奇（Pinotage）釀成的葡萄酒，主要的銷售地點為南非各超市。

皮諾塔奇為南非特有的葡萄品種，為黑皮諾與Cinsault這兩種葡萄的混合種。過去上市的皮諾塔奇葡萄酒由於受到Brettanomyces與Dekkera這些腐敗性酵母的感染，因而遭受消費者的猛烈抨擊，認為「裡頭有股鐵釘生鏽的味道」。不過近年來環境衛生佳的酒莊，也能夠釀造出如同薄酒萊般新鮮的葡萄酒，甚至還能夠利用橡木桶，發酵熟成出品質絕佳的葡萄酒。New Beginners的風味屬於前者，雖然未經過橡木桶的熟成階段，不過卻利用加入橡木片的方式來增添風味，並搭配微氧化（Micro-oxygenation）＊[1]這個方式讓橡木的風味整個滲入葡萄酒中。2003年份的葡萄酒品質雖然難以評斷是否符合日本現行的零售價，不過依舊期待進口商在價位上能夠多加把勁。

＊1這是種新的釀造技術，以規則性地注入微量氧氣到葡萄酒裡的方式，藉以改善葡萄酒的香味和口感，除了穩定酒的顏色之外，同時還能抑制會令人感到不舒服的還原臭滋生。

修道院與葡萄酒

１５４５年，耶穌會（Jesuit，成立於１５３４年）的沙勿略（Francisco de Xavier）將葡萄酒帶進日本。

傳教與葡萄酒

在基督教的世界裡，葡萄酒被視為是耶穌用來贖罪的血，自古以來每當舉行宗教儀式，葡萄酒便佔有不可或缺的地位。中世以前運送葡萄酒並不容易，因此每當要搭建新的修道院或是教會（傳道所）時，幾乎理所當然地就會連同葡萄園一起併設，以便進行葡萄酒的釀造，直至今日。除了大部分的酒莊幾乎是以營利為目的而搭建的波爾多之外，歐洲其他的葡萄酒產地幾乎與宗教有密切的關係，尤其是在勃艮第與萊茵高（Rheingau）其葡萄產業的根基乃是由修道士所奠定的。此外，許多與宗教有關的人士也幾乎都是以葡萄酒製造商之稱而留名青史，其中最具代表性的人物有香檳地區（Champagne）的Dom Pérignon＊[1]，近年來則有加州的Timothy牧師（兄弟會，Christian Brothers）等人。

歐洲

在中世紀歐洲，歷史悠久廣受好評的葡萄園其所有者大部分為修道院，例如本篤教派（Benedict，成立於５２９年）的克魯尼修道院（Cluny，創立於９１０年）幾乎掌管了哲維瑞・香貝丹村（Gevrey-Chambertin）所有的葡萄園，就連馮內・侯瑪內村（Vosne-Romanée）的葡萄園也曾隸屬於本篤教派的聖維望修道院（Saint Vivant，創立於９００年左右）。經過了５００年這隸屬於同一教派的修道院，在整個歐洲佈下了修道院網絡，其掌管的葡萄園網羅了從義大利到德國的葡萄品種，不僅有侯瑪內康蒂（Romanée Conti），就連波爾多的Château Carbonnieux以及萊茵高的Schloss Johannisberg也出現在這裡。

本篤教派的葡萄園面積大多是經由捐贈而漸漸擴增，相對的於１０９８年從此教派獨立而出、以禁慾為教義的西篤修會（Ordo Cisterciensis），卻選擇要親自流血流汗來開墾園地。他們所開墾最有名的葡萄園，就是勃艮第最大的特級葡萄園Clos du Vougeot（12～14世紀這段期間開墾），他們在此地發現了「某一特定區域所收成的葡萄其所釀出的酒，每年總會有種固定的獨特風味」，其實這就是所謂的「土壤風味」。西篤修會接著更進一步推行葡萄栽培和葡萄酒釀造的研究，並留下許多有關剪枝、

＊1 Dom Pérignon（１６３９－１７１５）普遍以「發明香檳的人」或是「首次釀造出氣泡香檳酒的人」而聞名，不過這個通俗的說法卻被認為與事實背離。在他所處的那個時代，法國尚未發起產業革命，當時在製造玻璃時，所使用的燃料為木材，而並非燃燒溫度高的木炭，因此根本不可能製造出能夠承受氣泡香檳酒的氣壓、硬度較高的玻璃瓶。更何況當時的法國還認為「氣泡香檳酒無法登上高雅大堂」，所以才會有人不認同這個說法。當時Dom Pérignon在葡萄酒生產上著手進行改革，利用剪裁葡萄樹的方式來限制產量，不然就是利用不同葡萄園的葡萄來混合釀造。經由這些改革方式，他所釀造的葡萄酒品質不僅大為提升，就連交易價也上漲至平常的兩倍。

插枝以及釀造的詳細資料。或許是操勞過度，11世紀西篤修會修道士的平均壽命竟然只有28歲，而其勞動的生涯幾乎都奉獻給葡萄園。

新世界

將基督教和葡萄酒文化帶入新世界的，主要是那些以激進傳教的手段為目標的耶穌會。現行修道會規模為世界第一的耶穌會，即使當初因歐洲殖民地的統治政策而身在海外，也繼續推行其傳教活動，尤其在拉丁美洲更是奠定了當地葡萄酒產業的根基。

另一方面，第一次在加州種植歐洲品種葡萄的乃是聖方濟修道會（Francisco，成立於１２０９年），而此處的葡萄酒產業則始於１７６９年，其契機乃是Junipero Serra神父在南加州的聖地牙哥（San Diego）成立第一個教會（mission）時，為了能夠提供聖餐儀式中所須的葡萄酒，於是在此地開墾了一座葡萄園。之後修道士們順著一條名為「El Comino Real」（王者之道）這條沿海路線北上，在54年間一共搭建了21所教會，到了１８２３年範圍甚至擴大到北加州的Sonoma郡。這段期間所種植的黑葡萄品種來自西班牙，名為「Mission」，為加州主要的葡萄品種，然而這種情況卻因遭到葡萄根瘤蚜（Dhylloxera）的感染只持續到１８８０年。聖塔巴巴拉傳道所（Mission Santa Barbara）的中庭裡，所栽種的Mission品種葡萄樹齡已超過了１００年，卻依舊是果實累累，從遠處彷彿傳來一陣傳道士們當時的祈禱聲。

薩摩（現日本鹿兒島）出生的長澤鼎（１８５２—１９３４）亦為將其一生奉獻給基督教與葡

萄園開墾的其中一位，在Sonoma的Harris教團時竭盡所有心力，投身在葡萄種植和葡萄酒釀造上，從Paradise Ridge Winery*1的長澤紀念館中可一窺長澤鼎其節慾苦行的一生。

*1 Paradise Ridge Winery: 4545 Thomas Lake Harris Dr. Santa Rosa, California 95403 USA

Steinberger

Steinberger其2002年的零售價為4,500日圓左右

德國代表性的葡萄酒之一。Kloster Eberbach為勃艮第的西篤修會於1135年所成立的修道院，其鄰近的葡萄園即Steinberger。在這塊32公頃大的葡萄園中，95%種的是麗絲玲（Riesling）白葡萄，整個果園與梧玖莊園（Clos du Vougeot）一樣，外圍也是用石牆圍起。雖然自1970年代中期開始，Steinberger也與萊茵高其他歷史悠久的酒莊一樣受到葡萄酒品質不佳的陰影影響，但經由新釀酒團隊的努力，Steinberger在1995以後，又再次奪回高貴的葡萄甜酒這個好名聲。Eberbach不僅是一座隱身於萊茵高山谷間樹叢中美麗的修道院，同時也是《玫瑰的名字》這部電影的舞台背景。

合作社

法國產的葡萄酒當中，其中每兩瓶就有一瓶是由合作社生產的。

合作社（Cooperative）

由規模較小、種植葡萄的農家所組成的合作社，在歐洲的葡萄產業中佔有舉足輕重的地位。大部分的葡萄酒合作社其誕生的原因，多起因於１９３０年代令人蹙眉、嚴重的不景氣，當時在平均每戶耕種面積狹小，再加上葡萄酒銷售單價低的地區裡，那些因手頭資金不足而無法單獨購買耕種或釀造相關機器的生產者，大部分均是為了購買這類設備才成立這個合作社。不久，這樣成立的合作社也漸漸滲入政治要素，近年來可窺探出有許多合作社開始是以ＥＵ提供的農政補助金為目的而熱烈地活動。

合作社的會員通常會委託合作社耕種自家的葡萄園，接著再連同其他會員的葡萄一起釀造製成酒，甚至裝製成瓶銷售。針對如此製程的葡萄酒，由於不違反歐洲產地稱謂法的規定，因此生產者可在酒瓶標籤上標明「自家種植釀造生產」並予以銷售，但這對消費者來說，幾乎無法分辨出哪些是「葡萄園（château）原裝生產」、哪些是「酒莊（domaine）原裝生產」。不僅如此，近年來甚至還出現有大規模的葡萄酒專賣店（cellar）採購合作社會員所採收的葡萄而自行釀成酒，接著再以量販（bulk）的方式賣給葡萄酒商（negociant），使得合作社本身漸漸成為一種商標而來進行銷售。現在世界上有許多超市和物流業者，開始推出自家品牌的葡萄酒來銷售，這絕大多數都是經由這種合作社而開始的。

雖然一般人對於合作社釀造的葡萄酒都認為「雖然便宜但品質未必好」，但並非所有合作社的葡萄酒都是如此。舉例來說，夏布利（Chablis）地區的La Chablissienne這家合作社的年間生產量約占4分之1，稱的上是此區規模最大的生產者，每當葡萄酒專家們在進行矇眼測試挑選品質最佳的夏布利葡萄酒時，此合作社所釀造的葡萄酒定會在首位佔上幾席，不僅如此，有些會員還生產出代表該區的好酒，像是艾米達吉（Hermitage）的坦恩酒廠（Cave de Tain l'Hermitage）以及亞爾薩斯（Alsace）的圖克漢（Turckheim）等。1980年代末期以後，澳洲人帶來了Flying Winemaker*[1]這項革新的技術。托此技術的福，讓南法的合作社開始能夠以穩定的價位來提供品質優良的葡萄酒。

香檳地區（Champagne）

香檳地區現在一共有43個合作社，其會員所擁有的葡萄園面積超過此區的90%。像這樣的合作社除了有能力提供葡萄給那些擁有固定葡萄酒品牌的大規模葡萄酒商之外，自己本身也銷售一次發酵完成的非發泡性葡萄酒（Vins Clairs），甚至還提供在瓶內經過二次發酵，但還處於除渣（degorgement）*[2]前熟成階段的香檳葡萄酒（Vins Sur Lie）。

近年來規模較大的合作社雖然將品質優良的香檳酒以「Nicolas Feuillatte」、「Devaux」、「Jacquart」以及「Mailly」為商品名稱推出，然而卻稱不上是完整的葡萄酒產業。想要在屬於品牌行銷的香檳市場裡佔有一席之地的話，其背後必須在品牌經營上大筆投資才行，但可惜的是，合作社並沒有如此龐大的資金可供運作，更何況合作社會員們之間對此也無法得到共識。這種合作社品牌的香檳現在僅在法國、英國的超級市場以及日本的量販店才找的到。其C／P值（Cost Performance。性能與價格的比值）若要得到高級法國餐廳侍酒師（sommelier）的認可，恐怕還需要一段時日。

有家合作社的行銷部門負責人員就提到，「某本知名的葡萄酒評論雜誌對於我們合作社所生產的香檳只評了79分。有家大規模的的葡萄酒商只不過在我們生產的Vins Sur Lie上貼上他們的標籤，但雜誌社卻給他們89分」，這段話雖然引起爭議，但從這個例子可看出在香檳地區葡萄酒的品牌有多重要。

由上情況來看，我們若說合作社葡萄酒是否能成功地銷售，其關鍵就在於品牌的建立，這一點也不為過。

＊1　Flying Winemaker　當北半球正值葡萄收成的秋天時，南半球的收成期恰好是春天。在交通手段發達的現在，葡萄酒生產者有這個機緣能每年分別在南北兩半球進行兩次釀酒的機會。自１９８０年代後半期開始，澳洲釀酒家每當到了農閒期的秋季，便會將他們最新的技術帶到北半球那些葡萄酒技術比較落後的地區，如南法或摩達維亞（Moldavia）等地傳授活用。自此之後便稱這些國際釀造家為「飛翔在空中的葡萄酒生產者」。

＊2　為了讓香檳酒產生氣泡，因此必須在酒瓶內進行二次發酵。而除渣作業就是要清除因二次發酵時而沈澱在瓶裡的酵母死骸。結束之後，必須依情況加入已含糖分的香檳酒（dosage）以填補因除渣而減少的酒量，如此才能夠出貨。

La Cuvée Mythique Blanc

進口商為Sapporo啤酒。2003年份的零售價位為1,400日圓左右
台灣進口商有長榮桂冠酒坊（詳細門市資料請參照附錄）

這是不列入法定產區管制（AOC） 內，屬於普級餐酒（Vins de Table）等級的南法葡萄酒。這瓶白葡萄酒是位於納本（Narbonne）西方的Val d'Orbieu酒廠（位於Orbieu溪谷）所屬的合作社，藉助澳洲籍Flying Winemaker的力量釀造而成的，2003年份的La Cuvée Mythique Blanc是由維歐尼涅（Viognier）、馬姍（Marsanne）以及胡姍（Roussanne）這三種葡萄混合釀造而成的，口味不僅芳香而且果香濃郁，再加上酒精濃度高，風味絕佳簡直可匹敵南隆河地區所釀的上等葡萄酒。這種葡萄酒即使裝瓶熟成，品質不會因而隨之提升，因此在選購的時候，一定要挑選最新年份的酒。

消失的葡萄酒

現在廣受全球消費者支持的梅鐸產葡萄酒，歷史才不過300年左右，而所生產的香檳開始含有氣泡，其歷史也才不過150年而已。葡萄酒產地在每個時代不斷地重複其枯榮盛衰的命運，超乎大家想像的竟然是沒有一個產地能永久博得好評且歷久彌新。

洛林（Lorraine）

洛林與亞爾薩斯（Alsace）自10世紀以來為法德兩國領土之爭的對象，因此有段悲慘的歷史，而這段悲劇故事藉由亞方斯・都德（Alphonse Doudet，1840—1897）所著的《最後一堂課（La Demi re Classe）》*1一書也廣為人知。起源於亞爾薩斯省孚日山的摩澤爾河，流經德國的科布倫次之後，成為一條大河並匯流至萊茵河，到了洛林卻成為一條不到5公尺寬的急流，其右岸長久以來即為生產名為Vin de Moselle這兩種紅白葡萄酒的地區。

洛林生產的葡萄酒開始戴上這榮耀的光環乃起於18世紀，當時梅茲（Metz）周邊種植的黑皮諾葡

*1 這是一篇短篇小說，敘述在普法戰爭時被普魯士軍佔領的亞爾薩斯．洛林地區，海莫爾老師用當時禁止使用的法語在他任教的小學裡上完「最後一堂課」。海莫爾老師痛切地向孩子們傳達法語為世界上最美的語言，最後下課時只在黑板上寫下「法蘭西萬歲」，淒痛地一語不發。

萄因送往法國北部的漢斯（Reims），因此成為才剛起步的發泡香檳葡萄酒原料。普法戰爭（１８７０—１８７１）結束之後，此地為德國所佔領，自此之後洛林成為德國Sekt氣泡葡萄酒的原料供給地。不料１９１０年此地的葡萄園因遭到葡萄根瘤蚜[*2]毀滅性地侵襲，替而代之的是德國所研發的雜交品種葡萄（hybrid），這種葡萄產量雖多但風味卻平淡無奇，結果造成在人們心中留下低級葡萄酒產地的印象。之後因戰火不斷而使得葡萄園遭到荒廢，使得此地的葡萄酒無法再恢復到以往的名聲。雖然洛林現在依舊生產著極少量的葡萄酒，而且在當地亦可品嚐的到，然而那用黑皮諾、嘉美（Gamay）和灰皮諾（Pinot Gris）這三種葡萄所釀造而出的淺色紅葡萄酒，卻充滿一股悲傷歷史的風味。

Constantia

南非雖然因列為葡萄酒產地而被分類為新世界（New World），但其葡萄酒的生產歷史並不淺短，而其近代葡萄酒的評價可說反而比現在還來得高。Constantia乃１６８５年由荷蘭東印度公司的范德史泰總督（Simon van der Stel）所開墾，一個位於開普敦南部的葡萄園，利用所種植的黑、白兩種蜜思嘉系列的葡萄品種，均釀造出代表18世紀世界的甜葡萄酒（dessert wine）。當時的歐洲王侯貴族所喜愛的伊甘堡（Château d'Yquem）、托凱（Tokaji/Tokay）以及馬德拉甜酒（Maderia），這幾種葡萄酒均利用葡萄園中過於成熟而變成葡萄乾狀的葡萄果釀造而成的，根據近年來的化學分析結果，發現這幾種葡萄酒雖然酒精濃度高，但卻未添加任何酒精成分（酒精強化），糖度極高，卻非貴腐化的葡萄。

就連被囚禁在聖赫那拿島（Saint Helena）的拿破崙也曾欽點的Constantia，不料自１７９５年英軍擊敗荷軍並在開普推行殖民地政策時起，就漸漸邁入衰退的命運了。在英國的統治之下，生產Constantia的公司慘遭剝削，更糟的是，由於英國開始提高南非產葡萄酒的關稅，這迫使Constantia的經營走到盡頭。到了１８５９年由於白粉病（Powdery Mildew）的傳染，使得葡萄園整個受災情況極為慘重，不料１８６１年英國財政部長William Ewart Gladstone（１８０９—１８９８）完全取消對法國葡萄酒的關稅，這個決策把Constantia整個逼入死巷，而１８６６年爆發的葡萄根瘤蚜更是成了Constantia的「死亡通知書」。

現在Constantia的葡萄園可分割成兩個部分，分別由Groot（大）Constantia和Klein（小）Constantia管理。前者為國營企業，所生產的葡萄酒風味普遍且價位不高；後者為個人經營，所生產的葡萄酒不僅品質優良而且充滿熱情。據說18世紀曾以無性繁殖的方式栽種風替紐・蜜思嘉（Muscat de Fontignan），而且完全不借用貴腐或增加酒精的方式來釀酒。為了讓Constantia這高貴的甜味葡萄酒東山再起，Klein沿用18世紀的古法來釀造，成功地在１９８６年以Vins de Constantia這個名稱來生產這閃耀著金色光芒的復刻版葡萄酒。

馬拉加（Málaga）

馬拉加離以生產雪莉酒而聞名的赫雷斯・德拉弗龍（Jerez de la Frontera）開車不到2個小時，是個面向地中海的美麗港都。從這裡往內陸擴展開來的葡萄園，是個約在西元前６００年左右由古希臘人所開墾的、歷史悠久的葡萄酒產地。即使此地曾為禁酒的伊斯蘭所佔領，馬拉加香甜的白葡萄酒並未因此而停止生產，在當時不僅點綴了文藝復興時期的餐桌，從17世紀到18世紀更是出口到全世界。被英國和美國稱為「Mountain Wine」的馬拉加葡萄酒，到了19世紀中葉卻因遭到白粉病與葡萄根

＊2　為體長０・５公釐的害蟲，於19世紀後葉蔓延傳染了歐洲的葡萄園，使得葡萄樹因此而枯竭。可藉由接上美國樹種的台架上來預防感染。

瘤蚜的兩種葡萄樹病蟲害的雙重打擊，原本超過11萬公頃大的葡萄園到了１９９０年代卻縮小到只剩９００公頃。

傳統口味的馬拉加葡萄酒乃由放在草蓆上日晒１～３週的Pedro Ximénez（ＰＸ）這種葡萄乾釀造而成，與用來釀造雪莉混合酒的ＰＸ一樣同為深琥珀色，不僅酒精濃度超過20％，平均每公升的殘糖也高達５００公克，是種口味極為香甜的葡萄酒。雖然未曾面臨與蘇玳貴腐酒（Sauternes）相同的悲慘命運，然而對這種極為香甜葡萄酒愛不釋手且願意不惜代價購買的貴族們已經遠離這個人世，使得這口味傳統的馬拉加葡萄酒也開始瀕臨滅絕的危機。

前些時日有位西班牙的年輕人嚐了一口復活版的馬拉加葡萄酒——Malino Real而感動不已，令他感動的並非葡萄酒的美味，而是馬拉加葡萄酒本身的歷史。利用Moscatel而非ＰＸ釀造而成的這瓶Malino Real的味道與傳統口味的馬拉加葡萄酒不同，顏色清澈如同摩澤爾葡萄酒（Mosel），酒精濃度為12．５％且風味自然。

Falernum

南義拿波里西北方50公里處所釀造的Falernum葡萄酒，在古羅馬時代即為價位不低的葡萄酒。生產此酒的葡萄園寬敞地延伸在海拔８１２公尺高的Massico山南邊斜坡上，而令人感到不可思議的是，古羅馬人還將這片斜坡地由上而下劃分成三部分，名稱依序為「Caucinian」、「Faustian」、「Falernum」，而最下方區域所釀造的白葡萄酒品質最佳。

根據老普林尼（Plinius）、賀拉斯（Horatius）與西塞羅（Cicero）的描述，Falernum葡萄酒為深琥珀色的白葡萄酒，據說酒精濃度超過15％。在經過酒精發酵這個步驟之後，葡萄酒會倒入容量26公升大的素燒雙耳陶瓶（Amphora）內熟成，據說收成之後若放置10～20年再飲用風味最佳。傳說所使用的葡萄品種極為特殊，老普林尼就曾在其著書《博物志》中提到「用來釀造Falernum的葡萄樹曾屢次移至其他土地上種植，然而葡萄樹往往不久就衰退枯萎」。

至於Falernum的葡萄酒為何會從這塊土地上消失匿跡，這一點在歷史上完全沒有記錄存在，不過據推測原因應是西元79年的維蘇威火山（Vesuvio）爆發，而使得整片葡萄園遭到毀滅，之後這片慘遭毀滅的葡萄園雖然移種了葡萄樹，然而所種植的樹卻非原本的葡萄品種，而是由外地帶來的劣質品種。而正式宣告Falernum壽終正寢的，是皇帝圖密善（Titus Flavius Domitianus），西元92年，皇帝圖密善因面臨著葡萄和葡萄酒生產過剩的問題，因而宣布禁止在義大利開墾新的葡萄園，而這項法令一直到西元２８０年才由皇帝奧熱流（Marcus Aurelius Probus）廢止，由此可推斷，在這約２００年的期間內，原本在這塊土地上所累積各項生產Falernum葡萄酒的技術可能就因此而全都失傳了。

到了１９６０年代，因得知古羅馬時期的出土書物頻繁地出現讚賞Falernum葡萄酒的記載，對此因而引起興趣的Francesco Paolo Avallone藉助研究者的力量，全力投入於當時所種植的白葡萄品種——Falanghina，積極地想要讓Falernum葡萄酒重現在Massico山腳下。之後取名為Vigna Caracci的這瓶葡萄酒在風味上或許與古代羅馬的Falernum葡萄酒截然不同，但Francesco Paolo Avallone的這份熱誠，卻足以讓歷史學家們深受感動。

西元79年由於維蘇威火山爆發，使得Falernum這塊葡萄園埋沒在5公尺後的火山灰裡。而至今仍在挖掘當中的龐貝城（Ponape）也歷歷地傳達給現代人當時羅馬人的生活點滴，而在酒館裡還發現著這張價格表。

葡萄酒1杯	1阿斯（As，青銅幣）
高級葡萄酒	2阿斯
Falernum	4阿斯

葡萄園與葡萄酒的
微妙關係

第2章

葡萄種植

氣候

與葡萄園息息相關的自然環境要素（土壤風味）一般來說大致可分為「氣候」、「地勢」、「土壤」，氣候方面接著可細分為氣溫、日照、降雨量等參數，每項要素對於葡萄樹的生長會造成何種影響均被詳細地研究。

氣溫

葡萄樹生長期間的氣溫掌握著葡萄酒的風味並有著決定性的影響，這個要素不僅決定了能夠栽種的葡萄品種，同時還深深地關係到該品種葡萄是否有種植的經濟價值存在。換句話說，葡萄收成時的前1個月平均溫度若為20℃左右的話，該果園所種植的黑皮諾不僅易熟，而且每棵葡萄樹還可採收到重達3公斤用來釀造品質優良紅葡萄酒的葡萄果；相對的，如果當地溫度下降到16℃的話，每棵葡萄樹頂多就只能採收到1公斤左右。

像黑皮諾或麗絲玲這種比較早熟的葡萄品種若種植在寒冷的氣候下，通常能夠釀造出味道更加豐富且香醇的葡萄酒；相對的，像格納西（Grenache）和Mascat of Alexandria這種比較晚熟的葡萄品種，若種植在寒冷的氣候下的話就無法成熟。此外，即使是同一品種的葡萄，若氣溫有所差異，其所釀造出來的葡萄酒風味一般也會截然不同。舉例來說，在寒冷的氣候下種植的卡本內蘇維翁所釀造出來的葡萄酒，會散發出一股如同青椒般的生青果香，而在溫暖地區所種植的卡本內蘇維翁，則充滿著濃濃的黑醋栗果香，氣候越熱，其所散發出來的果醬或巧克力風味也就越濃。

除了平均氣溫之外，葡萄樹生長期間的日夜溫差也會大大地影響到葡萄酒的風味。雖然葡萄樹在白天因進行光合作用而吸取空氣中的二氧化碳並排出氧氣，但其實葡萄樹本身也會進行呼吸，葡萄樹為了能夠呼吸，因此會消耗一些蘋果酸，氣溫越高，葡萄樹所進行的呼吸也就會越活潑，因此所消耗的蘋果酸也越多，這就是為何溫暖地區所釀造出來的葡萄酒其整體酸度不高的原因之一。日夜溫差如果越大，葡萄樹在白天就會加快成熟的速度，到了晚上就會控制呼吸，如此一來所採收的葡萄就會留下更多的蘋果酸。

日照與風力

氣溫為決定適合栽種的葡萄品種的要素，而日照則是決定當葡萄樹進行光合作用時，其果實內部所積蓄的糖分多寡，其結果會進而大大影響到葡萄酒完全發酵後的酒精濃度。葡萄樹最需要日照的時期，是當果實將要邁向成熟的這個階段，而這個階段在歐洲恰巧是8月，法國的葡萄栽種家常說：「6月決定產量，8月則決定品質」，這句話說明了「6月份的開花、結果決定了生產量，而葡萄酒的品質則與8月的日照有密切關係」。

適度的風力除了可以保護葡萄園免遭霜害之外，同時還能夠替換樹冠（canopy）*1內的空氣並去除溼氣以防止發霉或腐爛，但風力若是過大的話，不僅會妨礙授粉進而減少果實的數量，就連葉片上的熱也會被降溫，大大地減緩了光合作用的進行。像是在氣候寒冷的德國因不願葡萄園溫熱的氣候被

*1 為葡萄樹露出地表部分的總稱，尤其是樹葉茂密的部分。

風吹冷，因此整排田壟的方向通常都會與風向成直角以避免此種情況發生。

降雨量

一般來說，歐洲地區的降雨量由適量到過多，但相對的，以加州為代表地區的新世界其降雨量則稍嫌不足，因此多數的葡萄園大都需要加以灌溉才行。至於要灌溉多少水量，則取決於葡萄樹需要蒸發多少水分，這點必須要配合參考生長期間的氣溫、風力大小、溼度、日照時間，還有葡萄樹枝的茂密狀況而定。

在降雨量略微過多的歐洲，最大的煩惱就是葡萄發霉和腐爛的情況，尤其當收成前夕若是不幸下雨的話，果粒就會因此而裂開甚至開始腐爛，而且葡萄果也會因吸水膨脹而使得釀造出來的葡萄酒味淡如水，降雨量對紅葡萄酒而言是相當重要的問題，像柏圖仕堡葡萄園（Château Petrus）在１９９２年時，因收成之前不料剛好下起雨來，於是他們就在果園的表面鋪上一層塑膠布好讓雨水滲入地底下，成功地阻擋了果實吸水的情況發生。

小區域氣候（微氣候，microclimate）

常聽人家說：「柏圖仕堡的葡萄園裡，有種特殊的小區域氣候存在」，因此有時會聽到「microclimate」這個字，意指存在於某一特定土地上的特殊微氣候。其實小區域氣候原本指的是在１～２公尺這個單位範圍內的氣候條件，應用在葡萄種植上所指的就是樹冠內部這個環境，然而日本卻誤用了「小區域氣候」這個字，其實應該要換成中區域氣候（mesoclimate）這個用詞才對。中區域氣候主要是受到地形的海拔高度、傾斜度、方位和地質的影響，因此不易藉由人為的操作來改變環境；

相對的，小區域氣候主要的影響因素則主要來自葡萄樹的種植方式、果實離地面的高度、田壟的寬度和方向、樹葉茂密的程度，以及葡萄果周圍樹葉的剪枝等這些人為管理方式的參數。

地勢

構成土壤風味的三大要素之一——地勢，有傾斜度、方位和海拔高度等參數，各個參數對於葡萄樹有何影響均被詳細地研究。

傾斜度

南義拿波里西北方50公里處所釀造的Falernum葡萄酒，在古羅馬時代即為價位不低的葡萄酒。生產此酒的葡萄園寬敞地延伸在海拔812公尺高的 Massico山南邊斜坡上，而令人感到不可思議的是，古羅馬人還將這片斜坡地由上而下劃分成三部分，名稱依序為「Caucinian」、「Faustian」、「Falernum」，而最下方區域所釀造的白葡萄酒品質最佳。像這樣依照斜坡的位置，將單一品種的葡萄園劃分成不同區塊，以呈現出不同風味的葡萄酒的這個方式，現在在摩澤爾河的Maximin Grünhäuser與勃艮第的梧玖莊園（Clos de Vougeot）亦可找到。

自古以來羅馬即流傳一句話「葡萄酒神巴可斯Bacchus喜歡住在山丘上」，因此位於斜坡的葡萄園能夠釀造出品質優良的葡萄酒，就成了眾所皆知的事實。葡萄園開墾在斜坡上，其好處就是通風佳而且夜間氣溫會比平地來得高，因此在初春的時候，葡萄的嫩芽就不會因霜害而遭凍死，而且還能夠加速葡萄樹的生長。此外，由於斜坡的表土比一般的土壤來得薄，因此葡萄樹會自然控制不讓樹葉過於茂密，在葡萄果的數量方面果粒雖小，但味道卻十分香濃，即使下雨，不過雨水會順著斜坡流至低處因此排水佳，即使在收成前夕下起雨來，果實也不會因吸水而造成膨脹，尤其是後面這一點在防霉劑未出現的中世紀的歐洲世界來說，是個相當深刻的問題。

方位

葡萄栽種的最北端為德國的萊茵河和摩澤爾河。到此地一遊，會驚訝地發現醞釀出品質優良葡萄酒的葡萄園，幾乎都位在面朝南方的斜坡上。緯度越高，面對太陽的方向也就越重要，除此之外，此地的斜坡度越陡，就越可能聚集更多太陽能。發現一到春天，萊茵河沿岸的積雪就溶解得比其他地方還快的查理曼大帝（Charlemagne），據說就是根據這一點而下令在史克羅斯堡（Schloss Johannisberg）種植葡萄樹。同樣的，這座葡萄園還是位在面朝南方的陡坡上，與往南流的萊茵河相照映，即使位於北緯50度，就連檸檬也能夠成功結果。

另一方面，除了南北這個方向之外，東西走向的斜坡也會影響到葡萄酒的風味。由於溫暖的陽光到了下午就會以直角的方向直照面朝西的斜坡，能夠促使葡萄樹提早發芽，如此一來葡萄就會更快成熟。另一方面，面朝東的斜坡由於提前沐浴在朝陽下，避開了氣溫最高的時段，因此葡萄能夠慢慢地成長。實際上，位於加州Napa Valley西側斜坡的維德山（Mount Veeder）由於沐浴在朝日下，因此所種植的卡本內蘇維翁所呈現出的風味就極為豐富；相對的，位於東側斜坡鹿躍區（Stag's Leap）因沈浸在夕陽之下，因此這裡種植的卡本內蘇維翁裡頭所含的單寧成分便會產生聚合作用，成為一種比較陽性的口味。

海拔高度

世界的葡萄園分布極廣，有海拔高度接近0的地方，如南澳洲的巴羅沙（Barossa）和波爾多的梅鐸，也有海拔高度高達２４００公尺的地方，如阿根廷的 Colomé。一般來說，每上升１００公尺，氣溫就會下降０．６℃，因此像南澳的阿德雷德丘（Adelaide Hills）這種氣候略熱的地方，其位於高海拔的葡萄園所釀的葡萄酒通常品質都相當不錯。此外，海拔每上升１００公尺，空氣中的二氧化碳含量就會下降１％，因此光合作用的速度也會隨之減緩，使得葡萄樹的生長週期也跟著拉長。不僅如此，海拔高度越高，紫外線的照射量也越高，因而會加快代表單寧和花色素（anthocyanin）的酚（phenol）這項要素的合成速度，因此釀造而成的葡萄酒顏色也會略深。南美阿根廷安第斯山上那些位置超過海拔２０００公尺葡萄園所釀的葡萄酒顏色雖然非常地深，但事實上這些酒卻是那些平常飲用的葡萄酒所使用的染色劑。

除了這些參數之外，地勢還包含了其他要素，像是被山脈和山丘阻擋的風雨等「地形」要素，或是受到「湖泊與河川影響」而給予葡萄園能源的輻射熱和太陽反射。１９９１年4月21日清晨襲擊歐洲的那波寒流，讓波爾多的葡萄園幾乎慘遭全面性的損害，不過以Château Latour為代表那些位於Gironde河沿岸的葡萄園因為受到溫暖河水放射熱的保護，所以幸運地避開這場霜害。

Maximin Grünhäuser Abtsberg

1996年份的Spatlese零售價為5,000日圓左右

隸屬於Schubert家族的Maximin Grünhäuser為摩澤爾和德國代表性的葡萄園，其歷史可追溯至古羅馬時代。這座聖本篤修道院所屬，面積廣達33公頃的單一品種葡萄園，依照所釀的葡萄酒品質而將園地劃分成三個區塊，「Bruderberg（修道士山）」、「Herrenberg（牧師山）」、「Abtsberg（修道院長山）」，其中以Abtsberg所產的品質最為優良。中世紀西篤派的修道士們之所以會將勃艮第的梧玖莊園，從斜坡上方到下方分成三個區塊，可想而知其主要原因應是排水方式不同，因此所釀出的葡萄酒風味也會隨之而異；相對的，在接近葡萄種植北端界限的Maximin Grünhäuser，其呈現的土壤風味之所以會不同，主要因素應該在於日照量的差異。Abtsberg乃為面向南方的陡坡，而Bruderberg則是面向東方的稍緩斜坡，在Abtsberg這個區塊所釀的葡萄酒，據說會散發出一股成熟果實的風味。

土壤

所謂「terrior」（地區獨特的土壤）乃是指葡萄酒所散發出的葡萄園獨特土壤風味，這個字是從terre（土壤）衍生而來的，如同其字面上的意思，在法國，尤其是勃艮第，長久以來土壤一直被認為是形成葡萄酒風味的最大要因。據說中世紀勃艮第西篤修會的修道士們，為了探究鄰近區域葡萄所釀成的葡萄酒風味不同的原因，竟嚐了一口園內土壤的味道，而波爾多在１８５５年的等級標準，是以流通價格為基準來評價其生產者，而這個流通價格主要是受葡萄酒品所影響的；相對的，同年Lavar博士所評價的Côte d'Or的等級標準，則特地著重在地質方面來評斷葡萄園，而非將評價方式放在生產者上。

現在土壤風味大致可分為「氣候」、「地勢」、「土壤」，並分別進行研究，雖然大部分的研究已經瞭解氣候、地勢影響葡萄和葡萄酒的因素，然而有關土壤這一點卻還是沒有一個結論。葡萄酒地質學家Jack Hancock指出，「我們對於土壤決定葡萄酒的品質與風味這項要素評價過度，其實以一般消費者為對象的說明書中，有關地質方面的敘述大部分其實是沒有意義的」，更何況Brandon大學的Ron Jackson教授在其著書《Wine Science》*1中提到，「我們常會藉用土壤不同這個因素，來劃分葡萄酒產區稱謂的界線，然而至今卻沒有任何一項論說可以證明，土壤對於葡萄酒的風味影響到底有多深」。

化學組成要素

土壤擁有許多機能，例如賦予葡萄樹伸展根枝的底座、提供水分及養分、經由太陽光線的反射和輻射熱來促使葡萄樹生長。地質學家與勃艮第生產者之間意見最為分歧的，就是「土壤中所含的某種成分，能夠讓葡萄酒散發出其葡萄園特有的芳香」這項假說。雖然長久以來進行了各種科學研究，想要查明從土壤中所吸收的礦物質等成分，對葡萄和葡萄酒究竟會產生何種影響，然而現階段尚未找到土壤的化學要素與葡萄酒風味之間有何明確的關連性。也就是說，就算土壤裡含有許多鐵質，釀造出來的葡萄酒就會散發出鐵的味道，而種在石灰岩土壤的葡萄所釀造出來的酒，也未必會出現石灰岩的味道。光從波爾多這個地方來看，均可找到像是表土為深層礫石地土壤的梅鐸地區，或是在土壤表面形成一層高密度黏土的玻美侯（Pomerol）這些不同性質的土壤。不同性質的土壤其實都可能生產出令人驚艷的好酒，至於一定要某種化學要素才行這個論點，其實是還沒有任何根據可以證明的。

物理組成要素

有關這一點，近年來最受矚目的，就是決定排水與保水性的「土壤物理要素」。葡萄樹是一種樹根泡水的話就會窒息死亡，但水分提供的分量若不夠的話就會枯竭的植物。在勃艮第長久以來會如此重視土壤，要素背景就在於過多的降雨量，因此令人讚賞的葡萄酒通常不是誕生在排水性佳的斜坡，不然就是黏土性質較少的石灰岩土壤。石灰岩由於孔隙較多所以保水性佳，不過一旦水分飽和，卻反而能夠發揮極高的浸透性（排水），當降雨量過多的時候，水分會流向下層土壤裡。另一方面，當乾

＊1　Jackson, Ron S. "*Wine science: principles and applications*" (Academic Press, 1994)

旱連日發生時，所吸收的水分能夠發揮功能，提供水分讓葡萄樹根吸收。

同理可證，表土一直被視為是形成波爾多左岸、Chateauneuf-du-Pape，以及摩澤爾「土壤風味」的要因。從物理上來看，其裡頭所包含的岩石和小石頭，除了有助於葡萄園排水，同時還能夠儲存、放射熱能。從17世紀到18世紀，Château Latour將當時約40公頃大的葡萄園劃分為19個區塊，而其劃分的指標之一，就是表土所含帶的石頭顆粒大小。依據經驗來看，含細小石礫較多的區塊所釀的葡萄酒品質較差，即使在當時，也不曾在葡萄酒上加château這個名稱*2。就算到了現在，混雜小石礫區塊由於位於坡度較緩的斜坡上，再加上黏土性多以及排水性不良等因素，因此這個區塊所釀造的酒只能以副牌酒（second wine）推出。

了解了土壤此種物理組成要素的重要性之後，通常都會認為雖然顧慮到新世界的土壤風味，但由於過度強調氣候和地勢，造成在實務上卻並未考量到土壤這項要素。有鑑於此，有人提出必須在這三者之間取得一個整合性。話雖如此，由於新世界大部分的產地，均處在必須加強灌溉的乾燥氣候區內，因此土壤排水性的問題就顯得沒那麼重要了。此外，近年來持續在開發中的紐西蘭中奧塔哥（Central Otago）地區，由於葡萄樹的生長期正值降雨量多的季節，因此不難理解為何此地如此重視土壤這項要素了。

微量元素

截至目前的科學研究當中，雖然尚未找到土壤化學組成要素與葡萄酒風味之間的明確關係，不過可以確定的是，為了讓葡萄樹能夠健康地生長，有幾項微量元素是不可或缺的。

鹼（alcali）金屬中的鉀（Kalium/Potassium）被認為是對葡萄酒品質影響最大的元素，而從土壤中吸收的鉀會儲存在葡萄皮與果汁裡。從缺乏鉀的葡萄樹上會發現到枯黃的樹葉，這會造成葡萄樹停止生長，同時糖分也無法累積在葡萄果粒內。相反的，葡萄樹中的鉀含量若是過剩的話，雖然可以增加葡萄產量，但果汁的酸度會下降（pH值會上升），造成釀出的葡萄酒會產生化學反應上的不安定。從1960年代到70年代，無法抗拒化學肥料廠商誘惑的勃艮第葡萄栽種農家，在葡萄園內灑上大量的鉀，不料此舉卻造成葡萄酒所含的果酸令人失望的少，結果在釀造的這個階段不得不以補酸的方式來彌補。至於那些灑在葡萄園地上的鉀因為會一直殘留在土壤當中，因此至今仍是個尚未解決的問題。

無色、無味、無臭屬不活性瓦斯的氮素為構成胺基酸、蛋白質與葉綠素的主要元素，並以硝酸鹽和銨鹽（ammonium）這些氮化合物的型態存在於土壤之中，而這些化合物也是化學肥料的主要成分。缺乏氮素的葡萄園樹勢較弱，而且綠葉片的顏色會變淡，甚至還會變黃。但若提供過量氮素的話，又會造成樹勢過剩而導致枝葉過於茂密，結果使得陽光無法照在果實上，這樣不但容易造成病蟲害的發生，甚至還會拖延糖分與色素等酚（phenol）成分累積至果粒中的速度。歐洲尤其是德國的葡萄園自二次世界大戰之後，就因使用過量的氮化合物這類化學肥料，而使得流出的硝酸鹽污染了地下水和河川，造成了社會問題。一般認為葡萄園的氮素量不可過多，如此才能生產出用來釀造高品質葡萄酒的葡萄，至於氮化合物含量較多的園地裡，在葡萄樹的田壟之間，通常會種植可以消耗氮素的黑麥草（ruggrass）等植物，以控制葡萄樹吸收氮素的分量。自古以來之所以會認為「品質優良的葡萄酒都是從貧瘠（氮化合物較少）的土地而誕生的」，是因為只要控制氮素的供給量，自然而然地就能夠控制樹勢，以防止枝葉過於茂密，不但果房能夠曝曬在適量的陽光底下，同時葡萄樹內部通風良好，

＊2　Dovaz, M. *"Château Latour"* (Assouline, 1998)

如此一來，所結的果實不但健康而且能夠完全成熟。另外一個理由，就是為了尋求養分，通常樹根會深入地底中，即使當年不幸遭遇到乾旱，依舊可從地底中吸收到水分，故葡萄樹不會因缺水而枯竭。然而，「只有從貧瘠的土地才會誕生令人驚嘆的葡萄酒」，這個梅鐸式的觀念在葡萄栽培學發達的今日卻完全被否決。實際上Côte d'Or大部分園地的土壤均相當肥沃，一直到1940年，現在Puligny-Montrachet的葡萄園甚至還曾經種過黑醋栗。

當葡萄樹成長時，磷是不可或缺的礦物質，因為這會影響到光合作用與澱粉糖化的過程。有助於葡萄樹成長的磷，其所需的分量相當地少，除了酸性土壤之外，一般土壤中均可找到這項礦物質；但若土壤中缺乏磷的話，樹勢不僅變弱，甚至在樹葉上還會出現紅色斑點。

有助於葡萄樹成長所必需的微量元素除了磷之外，其他還有鋅、硼素、鐵、錳（mangan）、鎂（magnesium）這些礦物質，然而在法國和德國等這些歷史悠久的葡萄園裡，由於長久以來只栽培單一品種的葡萄（monoculture），故極為缺乏這些微量元素，因此主要都是以噴灑化學肥料的方式，來定期提供葡萄園這些礦物質。此外，在化學肥量尚未開發的時代裡，會定期地從外地運來新的土壤以進行換土，就有記錄指出如拉圖堡（Château Latour）在19世紀初期，因長年以來的單一作物栽培而使得土壤變得貧瘠，因此特地從外地運來了超過1000輛貨物馬車的土壤進行更換，而Romanée-Conti則是在1786年到87年之間，換了800輛貨物馬車的新土。即使如此，我們現今依舊無法肯定指出，微量元素是形成葡萄園獨特風味的直接因素。

生命結構

1980年以後開始活絡的有機栽培實踐者，尤其是那些信奉一種被稱為生機互動農業

（biodynamics）＊3這種特殊自然農法的人們，甚至毫無忌憚地指出「葡萄酒裡所散發出的葡萄園特殊風味，大多數均來自於葡萄園原有的生命結構」。而這種生命結構，裡頭包含了能提升表土通氣度和排水量、讓土壤更為鬆軟的微生物、瓢蟲等益蟲，以及不計其數地生存在土壤中的細菌等微生物。土壤微生物學家Claude Bourguignon指出，自１９５０年代以來，由於勃艮第地區開始投下大量防霉劑、除草劑和殺蟲劑等化學物質，造成這裡的葡萄園裡頭所含的微生物，已經慘遭破壞而使得「土壤已經完全死去」，他同時還提到「全世界的葡萄樹若只靠同一種化學肥料的養分來維持生長的話，最後會讓葡萄酒失去每塊葡萄園地所獨有的風味」。根據他的調查指出，「當我正在調查勃艮第特級葡萄圓的土壤時，卻發現這裡每公克土壤所含的微生物數量，竟然比撒哈拉沙漠的土壤還要少」＊4。釀造出勃艮第頂極白葡萄酒的Anne-Claude Leflaive提到，「有機栽培或生機互動農業最大的目的，就是要恢復土壤中那些遭到化學農藥破壞的微生物，以重新發掘失去的葡萄酒獨特風味」，雖然我自己本身對此保持觀望的態度，不過Domaine Leroy的Lalou Bize Leroy也說：「（那些利用生機互動農業耕種的葡萄園其生產的葡萄）只要嚐一口果粒，就知道這是出自哪片果園」。除了考察研究「葡萄園的生命結構會影響到葡萄酒的風味」這個主張之外，最常受到人們批評的，就是自然酵母、乳酸菌以及貴腐菌（Botrytis cinerea）的存在。

酒精發酵的核心要素——酵母，除了能夠將果汁中的糖分轉化成酒精和碳酸瓦斯之外，還能夠

＊3　這個方法深深受到澳洲的社會哲學家魯道夫‧史岱納（Rudolf Steiner，１８６１－１９２５）的影響，屬於一種極度觀念性、精神性的農耕方法。與有機農業一樣，強調健康及均衡的土壤。另一方面重視行星與宇宙的影響，並配合月亮圓缺、星座與天體的動向，以決定葡萄園植樹、剪枝和收穫期間。

＊4　Bourguignon, C. "*Le Sol. La terre et les champs*" (LAMS, 1995)

衍生出影響葡萄酒酒香的酯（ester）等物質成分。酵母的種類雖然有數種，但一般所用的是種被稱為釀酒酵母（Saccharomyces cerevisiae）這種葡萄酒酵母，而這種酵母裡頭又有數百種菌株存在，菌種不同，所釀造的葡萄酒其風味也會隨之而異，這一點是眾所皆知的。長久以來一直持續生產葡萄酒的產地葡萄園，通常會將釀造後剩下的葡萄果皮和沈澱物，當作堆肥以還原至園地裡，由此可知這會造成許多不同種類的酵母高密度地存在於土地裡。從歷史上來看，葡萄酒一直都是利用這種存在於葡萄園與酒莊裡的天然酵母，來進行酒精發酵，可惜的是，過度噴灑農藥卻不幸地將這些天然酵母給抹殺掉，造成現在以人工培養來增添酵母的方式變為常態。由於這種方式所培養出來的酵母，在全世界均可能買到相同的東西，可想而知，這是加速葡萄酒風味一統的原因之一。一般而言，經由自然酵母所進行的發酵，在發酵初期會錯綜複雜地牽連到１００種以上的酵母；相對的，人工培養的酵母基本上只要靠一種，就能夠包辦全程的酒精發酵。另外，裡頭含有分量充足的人工培養酵母，只要添加２～３小時之後就會開始進行發酵，然而天然酵母因為個數較少，因此必須要經過一段時間才會開始發酵，有時甚至需要花上１周。一般來說，人工培養的酵母發酵釀造的葡萄酒風味較清爽，比較受人喜愛；相對的，天然酵母釀成的葡萄酒風味較為濃郁，而且口味較為深沉。

在釀造貴腐葡萄酒時，貴腐菌是不可或缺的一種黴菌，對於生產像蘇玳（Sauternes）或托凱（Tokaji/Tokay）這些貴腐葡萄酒產地而言，貴腐菌是極為珍貴的東西，但對生產口味較烈的白葡萄酒產地而言，一般卻被視為是種病蟲害而禁止使用。而從勃艮第許多品質優良的白葡萄酒中，不難發現這種菌會產生一種微妙的口味，但一般卻認為這是來自於「葡萄園的風味」。實際上觀察那些搬進Domaine des Comtes Lafon或Lalou的夏多內葡萄（Chardonnay），會發現有些果粒會因貴腐菌而變色，但在選果台上進行挑除腐敗果粒時，卻會刻意將這些變色的果粒給留下來。加州的Robert Mondavi就繼承了勃艮第這種傳統作法，在釀造最高級的夏多內白酒（Reserve Chardonnay）之際，會刻意加入3％貴腐化的果實，讓葡萄酒的味道更加豐富。

據說中世西篤修會的修道士們，為了探究鄰近區域的葡萄所釀製的葡萄酒為何風味不同，因而特地實際去品嚐該葡萄園的土壤，不過從學術的觀點來看，「土壤對由葡萄酒的品質只有間接性的影響，反觀氣候、葡萄品種和栽種方式，對葡萄酒更有決定性的影響。」

石灰岩

1972年，Josh Jensen因夢見在自己出生的故鄉——加州種植出世界頂級黑皮諾葡萄，因而外出旅行，尋求在斜坡表土上覆蓋著一層薄薄的石灰岩、如同黃金之丘（Côte d'Or）般偉大的葡萄園地。

石灰岩

以香檳區的白堊土壤、夏布利和普宜富美（Pouilly Fumé）那來自於侏儸紀時期（Kimmeridge）牡蠣化石的白堊泥灰土，以及安達戶西亞自治區（Andulucía）Jerez附近的Albariza和Coonawarra紅土（Terra Rossa）下的石灰岩層為代表，部分的葡萄酒生產者將常鼓吹石灰岩土壤的重要性。但要是一問到「石灰岩有什麼好處」時，生產者通常會不知如何回答，大部分的人都會用「土壤風味（terroir）」這個字含糊帶過之後便逃之夭夭。不僅如此，人們通常還會把「含有石灰質的土壤」與「石灰質土壤」混為一談，因此在以一般消費者為對象的書籍裡頭，把產地記為是石灰質土壤的書可說是不勝枚舉，但實際上擁有純石灰質土壤的，可能僅有香檳地區而已。不僅如此，即是是香檳區，真正屬於白石灰岩（chalk）的只有下層土壤。據說釀造出優良品質葡萄酒的葡萄園，其表土大部分都屬於黏土性質，然而能夠深入土壤內接觸到白石灰岩的，卻只有葡萄樹樹尖部分而已。

勃艮第地區那石灰岩含量多的土壤之所以會受到重視，其背景就在於過多的降水量，而一瓶令人驚嘆的葡萄酒，通常產自於排水性佳的斜坡以及黏土含量少的石灰岩土壤。石灰岩由於孔隙多，因此保水性佳，但當水分一飽和，反而能夠發揮高度的滲透（排水）性，當降雨量過多的時候，水分就會往下層土流動；另一方面若乾旱持續的話，石灰岩反而能扮演給水的角色，將所吸收的水分提供給葡萄樹根。

白石灰岩

石灰岩是由碳酸鈣所組成的岩石，而其存在的樣態非常多，像白雲岩及苦灰岩等即是。一般而言「石灰岩」，所說就是一種與白石灰岩（白堊）不同的岩石成分，性質堅硬而使得植物的樹根無法深入其中。因此當開墾葡萄園時，在下層土若發現石灰岩岩盤的話，必須先用炸藥或削岩機先將岩盤炸碎，好讓葡萄樹根能夠深入底土中。相對於此，成分為有孔蟲等微生物遺骸的純白石灰岩（白堊），因土質較軟且易碎，再加上屬於多孔性質（35－40％的孔洞率），因此葡萄樹根通常都可以貫穿白石灰層，藉由這種情況，使得葡萄樹根能夠透過毛管現象，來吸收儲存在白石灰岩層的水分。香檳區的平均年降雨量為600㎜，這樣的雨量若不靠灌溉的話，已經快接近進行葡萄栽種的環境界限，儘管如此，卻未曾聽過香檳區「因為水源不足而造成葡萄樹枯竭」或是「無法進行光合作用」，這個事實證明了下層土的白石灰岩提供了葡萄樹其所保存的水分。

純白石灰岩土壤的另一個特色，就是養分少。由於這點能夠自然地抑制葡萄樹的樹勢，而不讓枝葉過於茂密，進而改善葡萄果周遭的通風與日照環境，不但減少了果實腐爛的情況，在收成的時候也可採收到完全成熟、品質優良的葡萄果。不過可惜的是，在香檳區裡從表土到下層土均為純白石灰岩土壤的區塊只有極小一部分，然而在這個區塊栽種葡萄時，反而卻需要大量的肥料和新土。實際上直到1990年代末，除了堆肥之外，香檳區的葡萄園同時還撒上漢斯（Reims）與巴黎一般家庭中丟棄的廚餘以充當肥料。

土壤的特色雖然很明顯地會影響到葡萄酒的品質，不過根據近年來的研究，指出土壤的影響不過是次要的。據了解，最重要的影響來源，還是來自於氣候、葡萄品種與栽種技術。

永恆的生命力

利用放射性碳素來測定化石的年代時，發現人們約在距今7000年前第一次栽種葡萄樹，據推測地點在西亞的高加索山脈的山腳下。舊約聖經裡頭記載，當諾亞搭乘的方舟到岸之後，第一個開拓的葡萄園位置幾乎與被認為是釀造葡萄酒處的亞拉拉特山（Mount Ararat）一致，這讓無宗教信仰的我心中不禁燃起一股虔敬的心。

栽種葡萄的起源

廣泛用來生產葡萄酒，包括果粒較大糖度高的所有歐洲系列品種的Vitis Vinifera種葡萄，據推測其原產地在高加索地方的喬治亞（Georgia）與亞美尼亞（Armenia），而這個地點幾乎與人類第一次栽種葡萄的場所一致。野生的葡萄樹與人為種植的葡萄樹其決定性的差異，就在於野生的葡萄樹為雌雄異株，因此每棵葡萄樹均有性別之分。相對的，經由人工栽種的葡萄樹基本上屬於雌雄同株的雙性花。造成這種差異的，並非是原為雌雄異株的野生葡萄樹，而是在人工繁殖的途中轉變成雌雄同株，其因在於在種植野生葡萄樹時，人們會刻意挑軒結果量較多的樹種，如此一來就可只留下容易結果的雌雄同株葡萄樹了。

有性生殖與無性生殖

種植葡萄樹有兩種方法，一種是從種子繁殖的有性生殖，一種是利用插枝等方式的無性生殖。利用種子種植的有性生殖法，是利用組合花粉與卵細胞這兩種不同的染色體來創造新個體，因此其染色體當然與母樹不同，而且植物本身的性質也會隨之變化。想要每年都能採收到相同品質葡萄的人們，當然不願意看見所種出的果實品質不一，因此利用播種以繁殖葡萄樹的方法，自古以來幾乎從未被採用過。一般來說，播種發芽所結的果粒通常顆粒小而且酸度高，再加上其種子的形狀為小小的球狀，因此考古學家便利用這點特徵，來判斷一棵葡萄樹是屬於野生的還是人工栽種的。

另一方面，截取部分母樹來繁殖的接枝除非發生突變，否則基本上子樹的基因是與母樹一樣的，也因此確保了收穫的穩定。這種利用繁殖而創造出來的新生命（無性繁殖），可以將其視為是與母樹同一個體，而人類在這長達7000年的葡萄栽種歷史當中，一直都是利用這種無性繁殖法來淘汰葡萄品種的。

壓枝（Provinage）

經由接枝這種無性繁殖所栽種的子樹，是否能夠視為與母樹相同的個體，這目前雖然還處於爭議當中，不過還有另外一種進行已久，而且不會引起爭議的繁殖方法，那就是「壓枝（Provinage）」，這個方法是繁殖葡萄樹最為傳統的方法之一，與裁剪樹枝的接枝不同。首先將母樹新長出的樹梢捆綁在母樹上之後直接埋入地底，之後生長冒出地面的枝芽就當作子樹來栽種。即使母樹枯死，依舊可將子樹的新樹梢引至其處，讓葡萄樹的生命能夠重生，顯然的，葡萄樹本身擁有不可否認的「永恆生命」。

據說勃艮第是從2世紀左右開始栽種葡萄，直到20世紀中葉為止，不難想像就是因為壓枝這種方法，而使得黑皮諾這個品種的生命能夠超過1800年。可惜的是，壓枝這種無性繁殖方法雖然保持了品種的單一性，同時也意味著缺乏多樣化的窘境，所以當此地在1870年面臨葡萄根瘤蚜的襲擊時，卻完全沒有抵抗能力來予以對抗。最後非接枝或壓枝，而是從種子發芽那些種植在侯瑪內康蒂的黑皮諾，也在1945年10月全部從葡萄園裡撤除。

麗絲玲（Riesling）與黑皮諾這些品種的葡萄，自古以來即以無性生殖的方式來進行繁殖，因此現在這些葡萄品種的無性繁殖所形成的基因與1000年前的品種相比，幾乎相差無幾。換言之，我們可以斷定現在我們所見到的麗絲玲，其實是1000年前種植在萊茵高斜坡上的麗絲玲其個體的一部分；這種無性繁殖的基因今後恐怕不會有任何改變，其個體可說是擁有永恆的生命力。

Chateau Muscar Red

1999生產年紅葡萄酒的零售價為
5000日圓左右

黎巴嫩從前稱為卡納（Canaan），聖經記載此地為諾亞居住之處，同時也是人類第一次進行葡萄酒釀造地之一。卡納的葡萄酒深受埃及法老王喜愛，這是眾所皆知的事實，就連腓尼基人（Phoenicia）和威尼斯的商人，也曾經從事Chateau Muscar Red的貿易活動。可惜到了8世紀由於伊斯蘭征服了這塊地，自此之後一直到1857年耶穌會在Xsara設立酒莊為止，葡萄酒釀造在這段期間可說是被人遺忘。

Chateau Muscar這座酒莊成立於1930年，位在貝魯特（Beirut）往北25公里處的貝卡河谷（Beka a Valley），而這座130公頃的自家葡萄園生產了兩種葡萄酒。一種是混合了源自於夏多內的Obaideh品種，以及源自於Semillion的 Merwah所釀造的白葡萄酒，另一種是以卡本內蘇維翁和仙梭（Cinsault）為主所混合釀造的紅葡萄酒。經過了3年的木桶熟成與4年的裝瓶熟成之後，這瓶從採收之後經過7年釀造才出貨的紅葡萄酒，散發出一種異國情調的波爾多風味。

莊主兼生產者的Serge Hochar在1980年代的黎巴嫩內戰中，即以充滿熱情、不斷釀造葡萄酒的個性而廣為人知，即使敘利亞的戰車在其葡萄園內來來去去，卻依舊不受影響且持續地有所收成。只不過在1984這個生產年，收成人以過於危險為由而拒絕採收因而停產。2006年11月，由於Chateau Muscar的所在處——貝卡河谷，剛好位在伊朗和敘利亞提供真主黨（Hezbollah）物資的輸送路線上，故此地常暴露在受以色列軍攻擊的危險之下。

葡萄酒是由田地釀造而成的

每當巡遍葡萄園，分析收成前的葡萄成分時，總會重新體會到「葡萄酒的品質是由田地生產而成的」。

自家葡萄園

蒙特利半島（Monterey）東部位於Hollister郊外的Calera酒莊，以生產優秀的黑皮諾而聞名並享譽全世界。這個酒莊除了「Jensen」、「Selleck」、「Reed」與「Mills」這些自家葡萄園之外，也利用採購的葡萄來生產「Central Coast」這種以產地稱謂為酒名在價格上比較低廉的葡萄酒。Calera採購葡萄的方式大致可分為二，一種是「以斤計價」，另外一種是「不管收成量，每個葡萄園只採購固定數量」。乍看之下這兩種方法似乎無太大差別，但實際上即使是什麼都不懂的門外漢，只要一看到葡萄園，就能夠明白箇中差異。

「以斤計算」的方式來提供葡萄的契約制葡萄園，通常會選擇栽種採收量多的無性繁殖*1葡萄品種。為了讓每棵葡萄樹的葡萄能夠超過40串，而且每串葡萄能夠積存充分的糖分，枝葉必須相當茂密，如此果實才能常處於陰涼之處，另一方面，支付定額款項的葡萄園會按照酒莊訂單規定，來進行剪枝和產量限制，同時葡萄果數量也會限制在每串30粒左右。另外，在移種葡萄樹時，要盡量挑選符合酒莊要求的台架和無性繁殖品種，有時酒莊甚至還能指定棚架管理（capony management）這個有關葡萄種植的整枝方法。令人驚嘆的還是自家葡萄園，將園內的葡萄樹如同盆栽般排列整理的整齊劃一，並且依照樹齡與園地劃分成塊，讓每棵樹有12～20串的黑皮諾，能夠一早就吹拂在涼爽的冷風下。在參觀過自家葡萄園，將葡萄樣本帶回契約制葡萄園之後，就發現方才看起來相當美麗的區塊，現在感覺卻像是枝葉過於茂密的叢林。

Calera「以斤計價」的葡萄園比例在下降的同時，提高自家葡萄園與契約制葡萄園比例也正在努力提高當中。

香檳區

香檳區擁有超過3公頃的龐大葡萄園，為氣泡葡萄酒最大的產區。雖然只有7家大公司，其生產量卻佔總出貨量的70％，另一方面，這些公司在這裡的園地總共只佔10％，而剩下90％的園地卻竟由2萬戶的葡萄果農所擁有，平均每戶的栽種面積根本不到1．5公頃。從1959年到1989年，長期以來香檳區的葡萄交易價，實際上是以「以斤計價」的公定價來決定，對於葡萄果農而言，由於欠缺提供低收穫高品質葡萄誘因（incentive），因此企圖要增加收入的葡萄果農會，變得仰賴產量雖多但品質劣等的無性繁殖葡萄或化學肥料來增加生產。香檳區的平均採收量在1940年代每1公頃為24公石（hl），但到了1980年代卻增加到66公石。

香檳區的氣候極為寒冷，儘管種植在此區的黑皮諾與夏多內，是屬於要是產量過多就會失去其風味的葡萄品種，但果農們之所以允許如此高的採收量，在產區統一稱謂法的內容上也有問題。2006年11月，在冷涼氣候下釀造的高級葡萄酒，可例外地在每公頃的園地內採收66．3公石的葡萄，如果當年豐收的話，甚至還可追加生產到25％（也就是可採收到82．875公石），這些都是在產區統一稱謂法的許可範圍之內。之所以允許這種稱的上是異常的高採收量，原因就在於收成時會將最低糖度換算成潛在酒精，而其最低數值為８％，由於這個數值太低，造成在第一次發酵時允許換算後的潛在酒精數值，可再補充１．５％的糖分，接著為了產生發泡性而瓶內進行二次發酵時，其補充的糖分最多可達２％。

當法律淪落到對生產者唯命是從的地步時，卻徒然不知生產者的生產意願已經漸行漸遠。在２００５年７月的這個階段，儘管所有生產者的總庫存量創新高，為年平均總出貨量的３．６倍，目睹暢銷情況的香檳區葡萄酒委員會卻窮追不捨，向法國產區統一稱謂委員會（ＩＮＡＯ）提出申請，希望能夠將每單位面積的收穫量提升到95．６２５公石，而最後ＩＮＡＯ竟核准這項申請。

香檳雖為世界頂級葡萄酒的代名詞，但這個印象卻讓人感覺是因為品牌行銷所促成的效果，並非是其品質所形成的。不過加州的Roederer Estate所釀造高品質氣泡葡萄酒，其原料因為１００％都是來自自家葡萄園所種植的葡萄，由此可見香檳重返葡萄園，以踏實手法釀造的時期已經到來了。

＊１　即使是同一品種的葡萄，每個個體（母樹）的採收量、耐寒性、果實成熟速度、抗菌力和抗腐力均不同，而無性繁殖系列的葡萄就是依照生產目的來從中挑選、登記的。無性繁殖的系列不同，基因也會隨之而異。像是容易產生突變的黑皮諾，其確定的無性繁殖品種光是在法國就有46種以上。當葡萄栽種農家要訂購幼苗時，會以無性繁殖的系列號碼，而非以葡萄品種名稱來下訂單。從１９７０年代到１９８０年代，勃艮第之所以會生產色調較淡、口味單純的紅葡萄酒，原因就在於生產的重心偏向在產量多的某一特定無性繁殖系列品種所造成的。

Salon

進口商為Luc Corpration。1996年份的零售價為3萬日圓左右
台灣進口商有誠品酒窖（詳細門市資料請參照附錄）

香檳愛好者Eugéne Aimé Salon為了滿足自己的興趣成立了酒莊，而第一個生產年為1911年。身為香檳酒生產者的他，在Le Mesnil-sur-Oger這個村莊，成立了一個1公頃大的單一品種葡萄園。他的理想，就是只使用當年收成的夏多內這個品種的葡萄來釀造香檳，在當時可說是帶進了創舉性的概念。到了1920年代，由於市場對Salon的需求量增加，使得他不得不從同村中的其他葡萄園採購以茲應付，然而單一品種葡萄園的哲學就這樣不幸地一擊即散了。不過，Eugéne Aimé的這個理念到了1979年由同樣位在Le Mesnil-sur-Oger村的單一品種葡萄園所繼承，同時還釀造出「Krug Clos du Mesnil」這款葡萄酒。

樹木密度與限量採收

在日本常會聽到那些以生產葡萄酒為職業的人，陳腔濫調地高唱「葡萄樹的種植密度若越高，所釀造的葡萄酒品質也就越好」，不然就是「新世界的葡萄園因為樹木密度過低，所以不適合生產高品質的葡萄酒」。

樹木密度

這段發言的前提為「葡萄樹種植的密度若過高的話，樹木之間就會互相爭奪土壤中的養分，因此樹根會更加深入土壤，藉以吸收土壤中更多的礦物質」。在平均每1公頃密集種植*1約1萬株葡萄樹的勃艮第，這段話是生產者最愛引用的一項假說，可惜這個論點並沒有任何科學實驗證明。實際上當大量的肥料投入葡萄園裡時，葡萄樹的樹根只會伸展在表土內。為了避免葡萄樹吸收地下水而造成果實膨脹，地下水面較淺的梧玖莊園（Clos de Vougeot）下方區域，會特地挑選可讓樹根伸展在淺土表面的台架來種植。

歐洲大部分的葡萄酒生產地區其平均單位面積的葡萄酒生產量上限，通常都必須遵照葡萄酒法的

*1　1公頃（100m×100m）1萬棵葡萄樹換算成公尺單位的話，其密度為1平方公尺1棵葡萄樹。

規定（如AC勃艮第紅葡萄酒為55公石（hl）／公頃*2），葡萄樹的種植密度越高，每棵樹所採收的果實樹也就相對越少；而葡萄若過於早熟，糖度和酸度也就會變高，因此可採收到酸度較高（pH值較低）的健全果實。越限制從每棵葡萄樹上所採收的果實樹，就越可能自然地釀造出品質更加均衡的葡萄酒，這從化學的分析數值就能夠查明。另一方面，結果的數量並不會有任何改變，如果只是把樹木的密度提升2倍，不但一點也不會提升葡萄的成分，更糟的是反而會讓葡萄園內的枝葉，因為過於茂密而讓空氣不流通，造成發霉或腐敗，而且躲在背陽處的果實會無法成熟。

為了釀造高品質的葡萄酒而控制每棵葡萄樹所採收到的果實重量，是近年來葡萄種植學的重心所在，有關植樹密度方面，其研究內容則為配合各個不同葡萄園的氣候與土壤條件，以研發出均衡的種植方法。一般來說，在冰冷的氣候下，土壤貧瘠的葡萄園若種植密度高的話，所採收的葡萄品質較好；然而在氣候溫暖、土壤肥沃的情況下，為了避免樹勢和枝葉過於茂密，通常會採用較低的種植密度，像是西班牙或智利就是典型的範例，平均每公頃的種植密度只有600多棵葡萄樹。

限量採收

葡萄酒的採收量通常以每單位面積的葡萄酒生產量和葡萄收穫量來表示，不過在葡萄酒的品質方面，最重要的就是每棵葡萄樹能夠採收多少公斤的葡萄果。像黑皮諾這種色素和香味較淡的黑葡萄在釀造紅葡萄酒時，特別要注意的就是採收量，採收量若過多的話酒的顏色不僅會較淡，味道也會變得水水的。

平均每棵葡萄樹的採收量，是以﹁每粒果粒的重量×每串葡萄的果粒數量×每棵葡萄樹的葡萄串數﹂來計算。以紅葡萄酒為例，一般來說，健全「果粒的重量」越輕，其果皮部分佔果汁的比例也就越高，因此釀造的葡萄酒風味也就會更加濃郁。有關果粒的重量，主要是受到葡萄品種、無性繁殖方式、以降雨量為代表性的氣候條件，以及是否有良好排水性等土壤要素影響。

「果粒數量」除了因葡萄品種不同而有所差異之外，在栽種方面，開花、受粉期的氣候的影響也極大。換言之，開花期如果遇到雨水豐、氣溫低的話，就會阻礙花朵受粉，如此一來葡萄就不容易結果，而整串葡萄也會變得稀稀疏疏。

另一方面，葡萄的「串數」為一項指標，人們可以利用冬季的剪枝和夏季的果實篩選這些方式來積極干預。不過，一般所指的「限量採收」實際上是指限制採收葡萄的串數。當樹木的密度相同時，「每棵黑皮諾的理想葡萄串數為6串」這種典型的觀念並不存在，必須配合每座葡萄所處的氣候與土壤，並從中摸索出一個均衡的方法才行。一般來說，像在勃艮第這種寒冷的氣候下，黑皮諾通常可以將潛能發揮至最高，每棵樹可以長出6～12串葡萄；相對的，像在氣候更加溫暖加州的葡萄園裡所種植的Carneros，據說每棵樹最多可長出30串葡萄。雖然在種植Carneros時，也實驗性地將每棵樹的採收量限制在6～12串葡萄，不過由於樹枝過於茂密而使得果粒相當碩大，這使得果汁中的果皮比例大大下降，這樣反而會沖淡了葡萄酒的顏色與風味。

不管是種植葡萄或是釀造葡萄酒，最重要的就是不拘泥在某一特定的方法，重視每座葡萄園的獨特風味，並且探索一個不會破壞均衡的栽種方式才是。

＊2　除非當年歉收，否則ＰＬＣ（Plafond limite de Classement，產品生命週期）可依照每年的氣候與行情，來設定基本採收量其追加部分的上限數量，並規定最高可增加到30％。有關葡萄生產量的計算方式，假設每公頃能夠採收到55公石（１公石＝１００公升）葡萄的話，平均每棵樹可生產將近1瓶的葡萄酒。

Saintsbury Pinot Noir Brown Ranch

進口商為布袋葡萄酒。2002年份的零售價為8,000日圓左右

在氣候寒冷的Carneros種植黑皮諾的先驅者——Saintsbury位於加州那帕谷（Napa Valley）南端，以科學、分析手法生產出最佳品質的葡萄酒。生產者在Brown Ranch這個自家葡萄園裡，栽種了各式各樣從INRA（Institut national de la recherche agronomique，法國國家農業研究院）帶來的無性繁殖品種葡萄，並分別依照品種、台架、不同的採收量來釀造葡萄酒，以探索出最理想的品質結果。

平均每公頃的樹木密度為2,700棵樹，而平均每棵樹的葡萄串數約29串，每串的重量為100g左右。果粒經過篩選之後，平均每公頃的葡萄採收量約為6公噸，換算成葡萄酒的話為38公石。也就是說，每棵葡萄樹能夠生產出1.4公升的葡萄酒，相當於1.8瓶份的容量。

雨水與澆水

為了維持葡萄樹的生命，進行光合作用好讓果實成熟，水分是不可或缺的要項。雖然從葉片可以吸收極少量的水分，不過葡萄樹大部分還是經由樹根的滲透功能來吸收水分。

降雨與灌溉

與氣候溫暖且乾燥的新世界這個葡萄酒產地不同，依照葡萄酒分級制度規定，大多數氣候寒冷且溼潤的歐洲產地，是禁止以人為的灌溉方式來提供葡萄樹水分的。的確，在波爾多和勃艮第這些傳統的葡萄酒產區中，若當年降水量少的話，反而能夠釀造出令人驚嘆的葡萄酒，經由這點可充分反應出企圖利用灌水來增加葡萄果產量的方式，簡直就如同是一種「不道德的行為」。其實智利和阿根廷大多數的葡萄園，常利用一種名為洪水灌溉（flood irrigation）的方式，將整片葡萄園就如同水田般浸泡在水裡，以給予葡萄樹無限水分的方式，讓果粒或整串葡萄吸水腫大，增加每棵葡萄樹的葡萄串數，讓採收量能夠飛躍上升，然而這樣卻只能夠釀造出口味平凡無奇的葡萄酒。

不過，主張性惡說的法國與歐洲的葡萄酒分級制度所欠缺的，就是「適當的灌溉能夠釀造出品質更佳的葡萄酒」這個觀點，結果剝奪了優秀葡萄酒生產者的選擇權。實際上加州與澳洲那些優秀的生產者，雖說在葡萄園內架設滴灌式的灌溉系統，但並非遵照著預定的步驟，不聞不問地澆水，而是會一邊測量葡萄樹的水壓，等到「要是再不補充水分的話，會明顯地影響到葡萄樹的健康」這個階段，才會提供比葡萄樹實際需要量略少的水分。另外，就算灌溉設備齊全，只要雨下的時機對，就算一整年不澆水也不足為奇。

葡萄樹極需水分的，主要是開花期與果粒變色期（veraison）這兩段期間。當開花期缺乏水分的話，葡萄樹不但會無法結出健全的果實，這種狀況若一直拖延下去的話，剛結出的小果粒也會掉落，也就是引起所謂的「落花病（coulure）」。此外，如果變色期前後期間的水分若供給過少，雖然容易造成結出的果粒過小，但若站在葡萄酒的品質這點來看，卻未必是件壞事。新世界的葡萄栽種者在乾旱時的開花期，會選擇性地進行澆水，以便能夠適當地管理葡萄樹的健康狀態。另一方面，歐洲大多數的生產者則會盡量遵守法律規定，當葡萄園發生落花病時，只能夠靜靜地守護著而不會有進一步的舉動。

乾旱

勃艮第大部分知名的葡萄種植者會在初春鋤地，並將平坦地延伸在表土層的葡萄樹根截斷，如此一來就能夠把樹根誘導至地表深層之處。若問他們這麼做的用意為何，所得到的答案必定是「把樹根誘導至地底深處的話，這樣葡萄樹就能夠吸收到地心中所蘊藏的微量礦物質等元素，如此一來代表葡萄園特色的『土壤風味』，就能夠展現在葡萄酒裡了」，話雖如此，但其真正的原因卻鮮少為人知。說穿了，這麼做是「為了避免葡萄樹在發生乾旱的那年因缺水而枯死」。實際上，在１９７６、88、90這三年的夏天，勃艮第即使面臨了長期的炎夏和乾旱，卻依舊生產出品質優良、風味濃郁的葡萄酒，因為那些樹齡較高的葡萄樹樹根被誘導至地底深處，由於吸收了地下水所以才得以保住性命。相對的，那些沒有鋤過地、葡萄樹根只伸展在園地表層的葡萄園，裡頭所種植的葡萄樹則慘遭樹葉枯黃，或是因缺乏水分而無法進行光合作用，造成葡萄的糖分明顯不足，結果就在這種窘境下迎接秋天的到來。

而在葡萄酒已變成過量生產物的法國，除了南部之外，法律上規定在葡萄樹的生長期中，除了那些容易收到乾旱影響、樹齡較短的葡萄園之外，其他的葡萄園禁止以人為方式來澆水。波爾多大學的Gérard Seguin博士認為「波爾多那些長年以來生產出最佳品質葡萄酒的葡萄園，其地下水水面雖然全都位於地底深處，不過這些距離都是葡萄樹根能夠抵達的極限範圍內[*1]」。但反過來想，如果波爾多能夠允許生產者灌溉澆水的話，說不定生產最佳葡萄酒的葡萄園面積會整個擴大。

歐洲許多國家至今仍因政治因素而禁止葡萄園灌溉。在法律上從１９９６年起便開始允許可以灌溉的西班牙，從適量的澆水就可以生產出品質更佳的葡萄酒這一點來看，這種剝奪葡萄酒生產者自由的惡法應該儘早廢除才是。

＊1　Seguin, G., *"Influence des facteurs naturels sur les caractères des vins"* (Paris, 1971)

Marqués de Griñon Syrah

進口商為稻葉。2001年份的零售價為3,500日圓左右

Marqués de Griñon為西班牙革新派的葡萄酒生產者，其莊主Carlos Falco曾在加州大學的Davis校（California-Davis）學習釀造學與灌溉技術。1974年，Falco在西班牙中央部，也就是馬德里（Madrid）南方建立了一座葡萄園——Do Dominio de Valdepusa，園內種植了卡本內蘇維翁和梅洛這兩種葡萄。卡本內蘇維翁的第一個生產年為1982年，當時釀造方面的顧問有波爾多大學的Emile Peynaud教授一同參與（現為Michel Rolland），在世界上獲得相當高的評價。不過Do Dominio de Valdepusa最偉大的功績，就是聘請澳洲籍葡萄種植學家Richard Smart來擔任顧問，不但改良了葡萄樹的種植方法，而且還在葡萄園內增設滴灌式灌溉方法，如戲劇般地證明了如何利用澆水的力量來提升葡萄酒的品質。

1991年種植於Do Dominio de Valdepusa內的希哈（Syrah）為西班牙國內品質最佳的葡萄品種之一，其所釀造的葡萄酒酒精濃度超過14%，而最讓人印象深刻的，就是那來經過美國橡木內熟成之後，所散發出來的甜甜香草芳香。

葡萄品種的混釀

幾乎所有波爾多產的葡萄酒都是由數種不同品種的葡萄釀造而成的，不過這種混合品種的釀酒方式起初的目的，並非為了要生產出更高品質的葡萄酒。

波爾多

波爾多的葡萄園開始依照葡萄品種分區種植，是19世紀末以後的事，當時的葡萄園正慘遭葡萄根瘤蚜毀壞。在那個尚未感染到葡萄根瘤蚜的Pre Phylloxera時代，當時的人並未想到不同品種的葡萄會大大影響到葡萄酒的品質，因此每一個區塊都會混合種植數種不同品種的葡萄，儘管每種葡萄成熟的速度不一，農家們卻依舊將這些葡萄於同時間採收，並倒入同一個桶內混合釀造。

就如同我們現在所考量的，當初之所以會刻意栽種數種不同品種的葡萄，主要原因就在於要分散種植風險，而不是為了要釀造出均衡且品質更佳的葡萄酒。在波爾多種植葡萄時，其最具致命性破壞的氣候因素有初春的霜害、冷夏和收成期所下的雨。但如果能在園地裡各種一半的梅洛與卡本內蘇維翁這兩種發芽、開花、採收期錯開1週以上的葡萄的話，就算較早發芽的梅洛受到霜害卻還有卡本內蘇維翁可以逃過一劫；當卡本內蘇維翁在採收期末不幸因雨而造成果實腐敗，早熟的梅洛有時會因提早收成完畢，因此就算當年氣候不佳，還是有可能完全地採收到其中一種發育健全的葡萄。其實1984年梅鐸地區因種植的梅洛幾乎全都結果不良而感到困擾，故當年的葡萄酒大致上只用卡本內蘇維翁來釀造，而1992年則是因為收成期遭到豪雨，故當年就成了梅洛的葡萄酒年。

有趣的是，為了分散種植葡萄時必然發生的風險，在波爾多是以促使葡萄園種植數種不同品種的葡萄來因應。相對的，在基本上以夏多內和黑皮諾這些單一品種葡萄來釀造葡萄酒、有時局部地區會因冰雹而慘遭損失的勃艮第情況則不同，生產者會在不同地區分散擁有一小區塊，而不會將擁有的葡萄園集中在某一地區。

波爾多大部分的生產者，像代表瑪歌堡（Château Margaux）的Paul Pontallier均表示決定要栽種哪些葡萄品種的是土壤風味而並非是人類。的確，排水性佳的砂礫性土壤斜坡適合種植卡本內蘇維翁。另一方面，排水性差的黏土性土壤則適合種植梅洛，這種遵照區塊特色的種植方式行之有年。不過近年來，就連瑪歌堡的葡萄園在移種葡萄樹時，在將梅洛葡萄樹拔起之後，會改種卡本內蘇維翁，企圖釀造口味更加濃郁的葡萄酒；這說明了現代的葡萄酒強烈地表達葡萄品種的特色而非土壤風味。

品種混釀的目的

梅鐸地區常說：「卡本內負責葡萄酒的骨幹，梅洛則負責葡萄酒的血肉」，其實這個說法是那些長久以來一直採用數種不同葡萄品種來釀造葡萄酒的產區，為了讓這種混合葡萄品種的釀造方式合法化，刻意給予此方式一個特殊的涵意，實際上這只不過是生產者單方面的論理，絕不可以盲信。

英國的超級市場裡販賣著澳洲產的「Semillon Chardonnay」或「Chenin Blanc Chardonnay」那些走低價位的混合葡萄酒，其標價牌上都會標榜著「夏多內讓葡萄酒品嚐起來略酸，但榭密雍卻可讓風味更有深度」這些評語，然而這種葡萄酒在配合超級市場要求的價位提供下的結果，以成本層面來看，想要銷售100%純夏多內釀造的葡萄酒是不可能的，最後只好藉由價位較為低廉的葡萄輔助品種來虛張聲勢，像是「特地為了營造出這種風味而混合釀造的」這類評語，都是後來才想出來的，別無其他理由。

香檳區一般所用的葡萄品種，有黑葡萄的黑皮諾、皮諾莫尼耶（Pinot Meunier）和白葡萄的夏多內這3種。通常人們會說：「黑皮諾賦予葡萄酒身軀與深度，夏多內帶來纖細與果酸，皮諾莫尼耶則讓葡萄酒充滿果香」，然而屬於黑皮諾的突變品種皮諾莫尼耶，其實是種植在不利於黑皮諾的成熟、氣候寒冷的葡萄園，因此主要功能是用來增加香檳葡萄酒的分量。實際上除了「Krug」，其他最高等級的香檳，像「Dom Pérignon」或「Crystal」裡頭並沒有摻入皮諾莫尼耶一起混釀，而且香檳生產者在氣候較為溫暖的加州或澳洲地區，其所生產的氣泡葡萄酒裡頭，也幾乎不摻入皮諾莫尼耶。

若認為當初是為了生產出品質更好的葡萄酒，所以才開發出這種利用不同品種葡萄來混釀的話，這就有點過於武斷。不過一旦消費者接受了那種風味，在這個已經將混釀方式視為標準釀造方式的現今，不管是波爾多調配法（Bordeaux Blend）、香檳調配法（Champagne Blend）或是隆河調配法（Rhône），在世界中都可以用再生產的方式來釀造葡萄酒，而且其地位更可穩坐如山、堅定不搖。

《ワイン用葡萄ガイド》
（暫譯：葡萄酒專用的葡萄指引）

Jancis Robinson

在日本國外廣受好評的葡萄酒專書很可惜幾乎都尚未出現日語版，唯獨這本書例外。作者Jancis Robinson為英國代表性的葡萄酒研究專家，可說是研究葡萄品種的佼佼者。這本書將多達800種、專門用來釀造葡萄酒的葡萄品種，依照英文字母的順序來廣泛性地解說，以囊括葡萄品種的相關書籍來說，稱得上是獨一無二。

由牛津大學出版的原文書是以艱澀難懂的英式英語所寫成的，因此日語翻譯團隊在翻譯時可說是吃盡了苦頭。順帶一提的是，這本書從序言到卡本內蘇維翁這部分的翻譯是由堀賢一負責。對於那些想要深入了解葡萄酒的人，或是從事葡萄酒相關產業的人來說，這本書是必備的參考書，而出版日語版的WANDS，是日本代表的酒類專業雜誌社。

定價3,000日圓〔含日本本地運費〕。由於在一般書店內並未上架銷售，如需購買，請洽Wands Publishing〔日本連絡方式Tel. 03-5405-2797 Fax. 03-3432-8166〕。

稀少的葡萄品種

在葡萄酒瓶標籤上標示葡萄品種名稱的品種標示法（varietal），自從１９７０年在加州普遍化之後，即廣受消費者的支持。之後世界各地的葡萄園為了改種像夏多內、卡本內蘇維翁這類知名且具有市場性的國際品種，而將傳統且稀少的地方品種給連根拔起。

稀少葡萄品種的陰影

用來釀造葡萄酒的葡萄品種據說數量超過８００種，不過根據Chicago Wine School的Patrick W. Fegan＊1推算，截至１９９１年，以世界栽種面積最大而引以為傲的就是白葡萄的Airén，而第二大的就是黑葡萄的格納希（Grenache），緊接在後的是卡利農（Carignan）和Ugni Blanc，這一連串都是鮮少為消費者所知的葡萄名稱。但這只不過是面積而非採收量的排名，因此葡萄酒生產量的多寡也未必會依照這個名次來排，例如像Airén的種植面積就約為卡本內蘇維翁的3倍、夏多內的４・３倍。或許有人會認為卡本內和夏多內的種植面積怎麼會出乎人意料地少，不過卻可從中看出這些代表性的國際品種在過去20年間，如同戲劇般地擴大了種植面積；相對的，那些稀少葡萄品種的面積卻是日趨縮減，其中甚至還有些已經瀕臨絕種的命運了。

＊1　Fegan, P.W., "*The Vineyard Handbook*"(Chicago, 1992)

自從消費者開始以葡萄品種的名稱來挑選葡萄酒之後，那些被稱為國際品種的卡本內蘇維翁、夏多內、梅洛、白蘇維翁、黑皮諾等葡萄便開始移種至全世界，而事實上現在那些葡萄酒生產國，有哪一國沒有種植這些主要品種的葡萄呢？這其中最大的理由，就在於若在標籤上打上「黑皮諾」的話，消費者就會樂意以更高的價格來購買。酒莊之所以願意支付葡萄果農如此昂貴的價格來採購，其實所要求的就是這些品種的葡萄。舉例來說，像在加州２００５年這個生產年中，黑皮諾的平均單價為每公斤１．75美元（約２０３日圓），然而可倫巴（Colombard）單價卻只不過才22分（約25日圓）。

稀少葡萄品種

照此看來，為何就只有其中一部分的葡萄品種會如此受到讚揚而成為主流，而其他絕大多數的品種卻如此地不走運呢？其實這裡頭有許多原因，除了釀成葡萄酒之後的品質好壞之外，其他的像是否容易栽種與釀造、栽種和採收成本是否過高、風味是否夠獨特、是否流行、名稱是否容易發音、是否為知名葡萄酒等，所需考量的理由可說是多不勝數。

為了要生產適合平常消費、屬低價位的葡萄酒，最重要條件的應該是簡單的栽種方式和低廉的栽種、收成成本。除了黑皮諾之外，大部分主要的葡萄品種因果皮較厚，對於發霉與害蟲具有較高的抗性。至於卡本內蘇維翁和夏多內，不管葡萄園的氣候是寒冷或溫暖，在各種氣候之下均能夠栽種。不僅如此，種植的果農更不需太過於降低品質，就能夠期待高收成量的葡萄。在考量葡萄生產成本方面，適不適合利用機器來採收是個相當大的分界點，不過果梗過韌、不適合利用機器採收的格納希在人事費用高的產地裡，就無法用來釀造一般日常生活消費用的葡萄酒了。

另一方面，其實有多數品種的葡萄因為行銷方面的因素而被迫退出主流。舉例來說，美國的葡萄酒市場在1990年代引起了一股梅洛風潮，雖然一般解釋這是因為「梅洛的單寧味沒有卡本內蘇維翁來的苦澀，所以喝起來比較順口」，但說穿了，最主要的理由應該是「梅洛這個名字對美國人而言比較容易發音」。同理，Gewuerztraminer這個葡萄品種雖然可以釀出品質極佳、風味獨特的白葡萄酒，但從發音來看便可知這在美國是不會造成流行的。還有一點非常重要的，就是這個品種是否能夠生產出聞名世界的葡萄酒。例如慕維德爾（Mourvedre）是種品質優良風味獨特的葡萄品種，儘管它是釀造Château de Beaucastel的主要混合原料，但由於生產者並未單獨用此品種來釀造葡萄酒，因此直到現在慕維德爾還是無法走運。另一方面，儘管因Chateau Montus在世界上的知名度，進而使得黑葡萄塔那（Tannat）也受到眾人矚目，然而這個品種在法國的種植面積卻是日益縮減。

大多數的稀少葡萄品種之所以會置身在絕種的危機下，其中有許多不同因素。儘管能夠釀造出口味獨特豐富的葡萄酒，但若因商業上的理由而消失匿跡的話，豈不是件讓人扼腕痛惜的事？

Langhe Dolcetto, Poderi Aldo Conterno

進口商為Millésimes。2003年份的零售價為2,500日圓左右

朵切多屬於早熟的葡萄品種，只種植在義大利西北部皮耶蒙州的部分區域，所釀的紅葡萄酒口味清爽且果味香濃，上市之後必須要盡快開瓶品嚐才行。屬於皮耶蒙州頂級紅葡萄酒的巴羅洛和巴爾巴萊斯克（Barbaresco），其原料的內比奧羅（Nebbiolo）由於是屬於非常晚熟的品種，再加上只能夠種植在排水性佳並且面朝南方的斜坡上才會成熟，因此從歷史上來看，朵切多只好一直種植在內比奧羅不容易成熟的高地或是面朝北方的園地上。內比奧羅單寧味重而且口感強勁，所釀成的葡萄酒適合會喝酒的人；相對的，朵切多口感溫和，釀的葡萄酒不管是誰喝了都會愛上它，因此特別值得推薦給那些認為義大利葡萄酒「不容易入喉」的人。朵切多在義大利語中稱為Dolcetto，意思是「小甜甜」，不過這裡的甜指的並不是殘糖，因為與皮耶蒙其他紅葡萄酒相比，朵切多所釀的酒酸味較低，因此義大利人才會以此為其名。

Aldo Conterno所有的巴羅洛葡萄酒均散發出一種熟透的哈蜜瓜香，而讓人感到有趣的是，在這瓶Dolcetto也聞的到相同果香。

接枝

大家知道現在日本為了商業銷售所栽種的蘋果樹，幾乎都是以接枝的方式種植的嗎？

接枝

所謂接枝，指的是將某一植物體的芽或枝剪下之後，然後接合在其他植物體的莖部或根部上，保留樹根的植物體稱為砧木，接上芽或枝的植物體稱為接穗。接枝是自古以來在果樹栽種方法中最為普遍的一種繁殖方式，若將果實形態與品質優良的植物體接合在樹根生命力強的植物體上的話，就能夠培植出優良的品種，同時藉由這個接枝的方式，還能夠控制果樹開花結果的時間。

現在在日本幾乎所有以銷售為目的而栽種的蘋果樹，都是將其果實市場價值較高的蘋果樹當作接穗，然後接合在樹勢較弱的砧木上。與冒著生命危險爬上長梯子來採收蘋果的這個方式相比，這種接枝方式不但能夠輕易地控制蘋果樹的整個高度，同時還能夠讓果實生長在隨手可取的範圍高度之內，使得整個採收的工作變得簡單安全多了。不僅如此，這個方式還能夠讓原本消耗在樹木長成的養分移轉至果實的熟成上，也因此所結的蘋果不僅又大又甜，而且連收成時間也提前了。

利用接枝來繁殖葡萄的這個方法自古羅馬時代以來即廣為人知，尤其是19世紀末葡萄根瘤蚜*1開

*1　19世紀後半襲擊歐洲的葡萄園，造成所有葡萄樹枯竭，體長約0・5mm大小的害蟲。由於此種害蟲在砂石地無法生存，因此除了將葡萄樹種植在砂石地上之外，以接枝的方式將葡萄樹接在可抗葡萄根瘤蚜的美國品種砧木上亦可預防。

始在歐洲蔓延以來，接枝這個栽種葡萄的方式就成了必需的作業流程之一了。

接枝的成本

在1990年這個時間點，據估計世界上約有85%的葡萄樹是以接枝的方式，接合在能夠預防葡萄根瘤蚜這種病蟲害的砧木上。而剩下15%的葡萄樹則是種植在葡萄根瘤蚜的問題尚未浮出檯面，像是中國、澳洲部分地區、智利、阿根廷、印度和巴基斯坦等地的葡萄園內，由於這些地區可以只是單純地利用接枝的方式來繁殖葡萄樹，因此在實行之前，會先以生產成本為優先考慮條件。

接枝所需費用依國家和地區而不同，不過截至2006年5月為止，加州樹苗業者的砧木售價為每塊2元美金左右（232日圓：以US$1＝¥116來計算），剛檢疫完畢、最新的無性繁殖黑皮諾品種樹苗1株為20分（23日圓），若想要購買已接好木的葡萄樹苗的話，每株接枝還需花費1美金（116日圓）的手續費，總計每棵葡萄樹就要花費3．2美金（371日圓）。

相對的，不須接枝的葡萄園由於省去了購買砧木的費用和接枝所需的手續費，因此每棵葡萄樹平均可降低3美金（348日圓）的成本，假設葡萄樹的生產壽命為20年，而從每棵葡萄樹上每年可生產3瓶葡萄酒的話，平均每瓶葡萄酒便可降低5分（6日圓）成本。若將此換算成日本的理想零售價的話，每瓶可相差70日圓。

對於品質的印象

常聽到有人評論「智利的葡萄樹因為沒有接枝，所以能夠生產出高品質的葡萄酒」，然而這不過是生產者那方的宣傳手法罷了。一般來說，一棵葡萄樹從植樹到採收果實為止通常需要3年的生長期，不過實際上智利大部分所種植的國際品種的葡萄，如夏多內或卡本內蘇維翁等為了縮短這生長期，通常會把樹木接在Pais這種商品價值較低而且現有的葡萄樹上。重視品質的生產者為了能夠控制樹勢，或是增加葡萄樹對病蟲害的抵抗能力，更是會積極地將葡萄樹接在美國品種的砧木上。

葡萄酒研究家中，有人認為「19世紀之後開始接枝，讓葡萄酒的風味整個改變了」，而屢次引用此論點的，就是由Bollinger公司所生產，名為 Vieilles Vignes Francaises的葡萄酒，有未經過接枝的黑皮諾所釀的香檳，以及在葡萄牙一個名為Colares的沙灘上所釀造這兩種紅白葡萄酒。一般而言，據說經過接枝的葡萄樹所生產的葡萄酒，其口味會比沒有接枝的葡萄樹所釀造出來的葡萄酒來得清爽且高雅，不過也有人持相反意見。１９８４年加州Calera Wine Company的Josh Jensen未利用接枝的方式，直接在Mills的園地上種植黑皮諾，不過所釀成的葡萄酒風味，卻比其他地區同樹齡且接過木的葡萄樹所釀的葡萄酒，明顯來得淡而不甚濃郁，因此現在在移種葡萄樹時，一定會進行接枝。

據說接枝對於葡萄酒在品質上所造成的影響並非完全不變的，其風味還是會隨著每座葡萄園的氣候、地勢和土壤而異。

Errazuriz Don Maximiano Founder's Reserve

進口商為Vin Passion。2003年份的零售價為7,500日圓左右

為智利具代表性的最高級紅葡萄酒之一。伊拉蘇酒莊（Errazuriz）位在首都聖地牙哥北部100公里處的阿空加瓜谷地Aconcagua Valley，是座成立於1870年在歷史上知名的酒莊，並在葡萄根瘤蚜蔓延以前，將波爾多的無性繁殖葡萄品種帶入自家葡萄園，也就是Don Maximiano裡種植。直到現在，之所以未出現葡萄根瘤蚜的問題，其因可歸於此地普遍採用的方法——洪水灌溉法（flood irrigation）＊[2]。為了能在Don Maximiano的園地裡採收到品質優良的葡萄，到了1990年代後半，灌溉方式改採滴灌式（drop irrigation）＊[3]。同時，身為葡萄栽種負責人的Pedro Izquierdo為了控制樹勢並預防圓蟲（線蟲，Nematode）＊[4]，最近也開始考慮是否應該要接上美國品種的砧木才行。

＊2　洪水灌溉法為最傳統的灌溉方法，也就是如同水田般將葡萄園浸泡在水裡一段時間，以提供葡萄樹充足的水分。不過洪水灌溉法不僅需要豐富的水量，由於生產者難以仔細調節每棵葡萄樹所需要的水量，再加上葡萄園的表土會因為水量過多而流失，因此這種方法通常不會用來生產高級葡萄酒。不過法國在19世紀末曾經利用這種灌溉方法來驅除葡萄根瘤蚜。

＊3　這是種最新的灌溉方法，也就是沿著葡萄園的田壟地來設置水管，並以滴漏的方式來提供每棵葡萄樹樹根需要的水分。這個方法雖然能夠完全掌控著所提供的水分，而且表土也不會因此而流失，不過設備投資方面的金額卻相當可觀。

＊4　這是種無法用肉眼看出的小蛔蟲，通常寄生在葡萄樹根上以奪取水分和養分，同時還會讓葡萄樹感染到其他不同的病蟲害。近年來在智利的葡萄園內災情漸漸擴大，除了必須利用殺蟲劑在土壤上悶燻消毒這個方法之外，還可以接枝的方式，將葡萄樹接在可以預防圓蟲的美國品種砧木上。

貴腐

將德國的冰酒（Eiswein）＊1與Trockenbeerenauslese（ＴＢＡ／貴腐葡萄酒）一起試飲比較之下，儘管這兩種葡萄酒的殘糖度與酒精度數相似，不過令人驚訝的是，兩種酒的風味竟截然不同。Eiswein的風味有種濃縮的果實味，香醇且新鮮。另一方面，ＴＢＡ則散發出一種蜂蜜或燙過的高麗菜香，屬於口味豐富且帶有生鏽味道的葡萄酒。

貴腐

一般來說「貴腐」的定義是指「完全熟透的葡萄裡含有一種名為botrytis cinerea的貴腐菌，其菌絲會在果皮上貫穿出孔洞。而果粒中的水分會經過這些孔洞而蒸發，使得裡頭包含的糖分更為濃縮，這種狀態即為貴腐」。可惜的是，這個說法無法解釋貴腐葡萄酒與冰酒的口味為何有如此差異。貴腐葡萄酒的風味並非只是香甜而已，這裡頭還蘊藏著其他甜味葡萄酒所沒有的獨特香醇與豐富的口味。之所以會如此，其因並非只是來自貴腐菌在果皮上的穿孔效果，主要是這種菌所促成的新陳代謝，能夠

＊1　冰酒（Eiswein）：奠定於１９６２年，屬於比較嶄新的分類，也就是以冰凍的葡萄釀製而成的葡萄酒。方法就是將健全的果實不加以採收直接放置在園地內，等到寒冬期來臨果實結凍時再予以收成。當氣溫降至零下８℃左右時，果粒內部的水分就會結冰，不過大部分的糖分卻不會結凍，因此採收之後若直接壓榨果實的話，就可以得到糖度和酸度相當高的果汁。不過在德國，卻禁止生產者利用冷凍庫這種人為的方式來使果實結凍。

讓果粒內含的果汁產生化學變化。

貴腐菌的確會在葡萄的果皮上穿刺出細微的孔洞，讓果粒內部的水分釋放一些出來。另一方面，雖然透過這些孔洞能夠讓水分蒸發，結果讓果汁變得更濃，不過由於貴腐菌的新陳代謝因而使得果粒內部產生許多酵素，其中最具代表性的有甘油（glycerine）、醋酸、葡糖酸（gluconic acid）以及氧化酵素的漆酶（laccase），另外還有一種被稱為botrytisin的抗生物質，讓葡萄汁大大地產生化學變化。不僅如此，果皮裡所含的單寧和花青素（Anthocyan）等抗氧化物質多酚（polyphenol）成分，在受到貴腐菌的破壞之後會融入果汁中。另外，這種菌雖然會消費掉果粒中3分之1左右的糖分、6分之5左右的酒石酸（tartaric acid）、3分之1左右的蘋果酸，不過由於水分也會隨之蒸發2分之1以上，相較之下，糖分與蘋果酸整個也就相對變濃了。

貴腐葡萄酒

提到貴腐葡萄酒的知名產地，會聯想到的有匈牙利的托凱、德國的萊茵高與摩澤爾，另外還有法國波爾多的蘇玳貴腐酒。由於所使用的葡萄品種與釀造方法的不同，因此其風味也大為所異。

據說1650年在第一次採收到貴腐葡萄的托凱，當年利用酸度較高、屬於晚熟品種的Furmint這種貴腐葡萄為主體，榨出的第一道葡萄汁（free run juice），釀造出果酸強烈，名為Tokaji Essencia這種夢幻般的貴腐葡萄酒。Essencia獨特風味來自於香味不甚佳的乙醛（aldehyde）、酯基（Ester）和醋酸，將這些材料放入略有細縫的小酒桶裡，經過10年以上氧化熟成的結果。另外，由於在木桶熟成的葡萄酒表面，會覆蓋一層如同雪莉酒上的白色酒花（flor）這種產膜活酵母，這種酒花使得葡萄酒散發出一股如同杏仁果般的芳香。另一方面，來自於葡萄本身的新鮮果香則容易因出貨前的熱處理而盡失。Essencia的酒精濃度通常維持在4～5%，殘糖量則是每公升250公克（250g／L）以上。一整瓶100%純Essencia非常少見，因為這種葡萄酒通常以與Tokaji Aszúeszencia等這些品質略低一級的葡萄酒混合釀造為使用目的。

德國第一次採收到貴腐葡萄是在1775年，據說地點是在約翰山堡（Schloss Johannisberg）。代表德國的貴腐葡萄酒，通常都是利用果味高雅、果酸味豐實，屬於晚熟品種的麗絲玲釀造而成的。在釀造時會盡力杜絕氧氣滲入酒中，因此所釀成的貴腐葡萄酒風味纖細且高貴，漂亮地將麗絲玲的特色散發出來。TAB的酒精成分不高，通常維持在6%左右，儘管酒裡含有220g／L的殘糖，不過其豐富的蘋果酸卻使得整個風味更加平衡，讓德國的貴腐葡萄酒品嚐起來更加柔順。

據說法國代表性的貴腐葡萄酒產區——蘇玳（Sauternes），第一次採收到貴腐葡萄是在1847年，地點為伊甘堡（Château d'Yquem）。此座葡萄園所種植的葡萄以榭密雍（Semillon）為主，不過為了彌補這種在成長初期缺乏果香、口味平凡淡薄的貴腐葡萄，生產者在釀酒時，通常會與白蘇維翁（Sauvignon Blanc）一起混合釀造。另外，葡萄園的等級越高，利用新橡木桶來進行葡萄酒發酵以及熟成作業的比率也就越高，因此其所釀成的葡萄酒，也就會散發出一股來自法國橡木香草芳香，酒精濃度方面相當高，超過13%，殘糖方面最高級的貴腐葡萄酒約在120公克左右。

談到貴腐葡萄酒其實光靠三言兩語是說不盡的，由於其口味因產地不同而千變萬化，也因此讓人能夠充分享受到其豐富的多樣性。

Château d'Yquem

2001年份的零售價為6萬日圓左右
台灣進口商有誠品酒窖（詳細門市資料請參照附錄）

伊甘堡所釀造的Château d'Yquem為世界最高品質的甜味葡萄酒之一，在1855年波爾多紅白葡萄酒的等級中，這座葡萄園是唯一特選被賦予「特一級」這個殊榮地位。在這座面積廣達102公頃的葡萄園裡，除了擁有最佳地勢之外，生產者還不惜成本加以投資，只為了追求品質完美的葡萄酒。

梅鐸生產葡萄酒的頂級葡萄園，每棵葡萄樹只能夠生產出1瓶葡萄酒，然而伊甘堡裡的每棵葡萄樹卻只能夠生產出1杯葡萄酒（6分之1瓶）。為了提高排水性，伊甘堡葡萄園內設置了長達100公里的排水溝，同時為了能夠一顆一顆地摘下到最佳狀態的貴腐葡萄，還特地動員150人，耗費2個月的時間來專門採收。在貴腐菌生長不均勻的1974年，生產者花了10個禮拜的時間來採收葡萄。採收者為了挑選適當狀態的果粒，因此每塊園地都會分11次來進行採收，可惜的是所釀造的葡萄酒卻沒有資格標上葡萄園的名稱，因此這一年放棄生產Château d'Yquem。園內葡萄樹的栽種比例上80%為榭密雍、20%為白蘇維翁，酒精發酵則是在全新的法國橡木桶內進行，之後再繼續熟成3年。

1987年由於歉收，因此伊甘堡引進了一台冷凍庫，將收成的葡萄利用冷凍萃取法（cryoextraction），也就是以人工的方式將果實冰凍起來，如此一來便可得糖度較高的果汁，這種方法在當時引起了一番討論。由此看來，今後蘇玳貴腐酒說不定會邁向冰酒的釀造之路。

採收葡萄的時機

葡萄採收的時機雖然會大大地影響到葡萄酒的風味和品質，不過其時機決定權卻有各種不同的要因存在。

葡萄的成熟

葡萄從開花結果經過40～60天左右之後，果粒就會迎接「veraison」這個變色期，緊接著果粒中就會開始累積糖分。其絕對量雖然相差不多，但由於水分、糖和鉀等物質的流入，會使得果粒中所含的酒石酸相對減少。不僅如此，氣溫越高，葡萄樹所進行的呼吸作用也會消耗一些蘋果酸。就這樣，在果粒糖分增加的同時，酸度也會相對減少。酸度減少（pH上升）的變化速度，會隨著葡萄品種、其無性繁殖品種以及栽種地的氣候而有所差異，例如成熟速度慢的卡本內蘇維翁，在這方面雖然沒有什麼大問題，但是成熟速度較快的希哈（Syrah）等品種，就必須一口氣在時機最佳的那一天整個採收完畢。此外，在炎熱的氣候下，果粒會產生劇烈的變化，但在氣候寒冷的園地裡，果粒則會慢慢地成熟。吹拂在冰涼海風下的加州葡萄園地，其園內葡萄樹糖度（Brix）在收成的前一週內，會上升至0．5～1．0度左右。

收成方面，當然最好是挑在葡萄完全成熟，而且最適合拿來釀造葡萄酒這個時機點來進行。可惜的是，必須仰賴多數人工以手摘方式所進行的採收，不管葡萄成熟與否，都必須配合採收人的時間來進行，要是不幸遇到氣候預測要變壞之時，就要被迫決定在大雨來臨之前，是否該採收那些尚未成熟的葡萄。加州在１９９７這個生產年由於採收順利，許多不同品種的葡萄幾乎都在同一時期成熟，不過許多酒莊也面臨處理能力的界限邊緣。由於部分屬於晚熟型的黑葡萄品種，必須等待空的發酵桶，結果造成釀好的葡萄酒有種過熟的口味。在１９９９這個生產年的９月５日，遭受到冰雹襲擊Saint-milion部分地區，為了怕葡萄腐爛，逼不得已只好將預定在9月中旬進行的採收日，提前至遭受冰雹襲擊的隔天，將那些尚未成熟的葡萄果整個採收。

分析性成熟與生理性成熟

葡萄酒生產者會根據過去的資料，來預測各個品種葡萄的收成日，至少在4個禮拜前，就會開始進行各個葡萄園所生產葡萄果粒的抽樣調查。這些抽樣調查所重視的，是糖度、酸度和酸性度這些化學性的指標，同時配合欲釀造的葡萄酒風味，來決定葡萄採收的時機。舉例來說，加州的黑皮諾一般糖度若在24度（潛在的酒精度數為13％），酸度若在７ｇ／Ｌ（換算成酒石酸）左右的話，就會進行採收。不過若要用來釀造氣泡葡萄酒的話，在採收的時候就會特別著重在葡萄的酸度上，當糖度為18度（同10％）、酸度為９ｇ／Ｌ這個較早的階段時就會採收。這種利用化學指標計算出來的「分析性成熟」為葡萄成熟程度的指標，用來計算在釀造葡萄酒時的最佳時間點；相對的，近年來出現了另外一種更為自然且數字更不明顯的指標，而這項指標廣受新世界葡萄酒生產者的支持。

所謂「葡萄的生理性成熟」，指的是藉由果皮與種子的變色、果粒內部的構造變化以及酚（phenol）的變化，所觀察到的香味成分成熟度，生理上已經成熟的葡萄，就如同在果樹上成熟變成黃色的香蕉一樣，味道相當深邃濃郁。分析性成熟屬於「葡萄酒釀造方面的適度熟成」，相對於此，生理性成熟則是「果實方面的成熟」。前者的葡萄所釀成的葡萄酒口感略澀，有種礦物質的味道存在；後者的葡萄所釀成的葡萄酒則熟成順口，並且充滿果香味。加州所產的成熟黑皮諾糖度到24度就會採收，而勃艮第的黑皮諾糖度若到20度（同11％）這個恰當的成熟度即會採收。絕大部分的葡萄酒生產者深信，當分析性成熟與生理性成熟一致時，就能夠釀造出高評價的葡萄酒。

加州聖塔芭芭拉（Santa Barbara）的Dominique Lafon，因為被經過生理性成熟的黑皮諾所釀成的葡萄酒所感動，因此在１９９８年耐心地等待Volnay部分園地的收成，實驗性地釀造了「完全成熟」的紅葡萄酒。不料，釀好的葡萄酒其酒精濃度，因超過產地統一稱謂法規定的上限（14％），因此無法標上Volnay的名稱來販賣。雖然最後Lafon不得已將整桶酒銷售給葡萄酒商，不過那桶酒卻美味地讓人眼睛為之一亮。

葡萄採收

只要在採收完畢的葡萄園地裡走一趟，就能夠推測出這裡的葡萄酒是基於何種理念釀造而成的。若看見沒有果粒的果梗從葡萄樹上垂吊下來，就知道此葡萄園是利用機器來收成的，如果看見樹上有些沒有摘下的葡萄串的話，就可以知道那是利用人工採果時所遺留下來、尚未成熟的葡萄果。

採收

葡萄的採收作業乍看之下彷彿如同田園詩歌般，以為很輕鬆，但站在土質鬆軟的土地上背著葡萄四處走動的勞動方式，肉體上的疲勞是超乎人想像的。採收葡萄的時候，有利用專用剪刀或刀子將整串葡萄從葡萄樹上剪下，然後再放入搬運葡萄專用箱子裡的picker（採摘者），以及收集這些裝滿葡萄的箱子，然後再運至卡車上的porter（搬運工人）。porter的工作較單純，只有肉體上的勞動，但picker卻必須具備能夠挑選完全成熟、健全未腐壞葡萄的眼力，尤其在採收貴腐葡萄時，只能夠挑選已經貴腐化的果粒，而這個作業就必須靠技巧熟練的picker老手才行。

像這樣的picker，如果其工資是以採收到的葡萄公斤數這種計酬方式來雇用的話，為了增加收入，picker很容易會在剪葡萄時刻意不加以挑選，抱持著剪多少算多少的心態來採收。因此，注重品質的酒莊就不會利用這種計件的方式，而是以「平均1天多少工資」的條件來簽訂雇用契約，或是「平均1公斤多少工資」的方式來計算薪資，同時，還會依據採收到的葡萄挑選狀況，或是勞工的工作品質來給予獎金。酒莊若以長期雇用的方式，來聘請採收葡萄時所需勞力的話，以經營層面來看是相當沒有效率的，因此一般來說，酒莊都是利用人力派遣公司，或是聘請季節性勞動者和學生來協助收成。採收葡萄的勞工工資依國家不同而差異甚大，如在加州，其每日的工資為150美元（約1萬7000日圓），但是在葡萄牙的話則為30歐元（約4600日圓）。

機器採收

由於採收葡萄的勞工其雇用成本上升，再加上勞動人口不足，因此自1960年代起，除了香檳區和薄酒萊區之外，幾乎其他所有葡萄酒產區都已經開始引進機器來採收葡萄，而且比例年年上升。實際上在1969年這個時間點，加州地區利用機器來採收葡萄的葡萄園也只不過整體的10%，可是現在比例卻已經達35%，而且AC波爾多的紅葡萄酒，幾乎都是用機器採收的葡萄釀造而成的*1。現在最為普遍的，就是刻意將車子的高度設計得較高，以便能夠跨在田壟上採收的拖曳機（採收機），其車輪內側的玻璃纖維棒會猛烈地搖晃葡萄樹，搖下的葡萄果粒就會掉落在用來當作托盤的輸送帶上。由於這種採收機所採收到的葡萄只有果粒，而且幾乎不會夾雜著果梗，有些葡萄品種如卡本內蘇維翁，如果夾在太多果梗的話，這樣釀成的葡萄酒就會有股青澀味，因此利用這種機器採收的話，就可以省去除梗這個步驟。不過大部分黑皮諾的生產者，卻認為在釀造葡萄酒時，如果能夠夾雜著一些果梗的話，會使得酒的風味更加豐富，因此一開始機器收成這個方法，是不會列入他們的選擇範圍之內。

*1 出處：Boulton, R., Singleton V., Bisson L., Kunkee R., *"Principles and Practices of Winemaking"* (Champman & Hall 1996)

為了引進葡萄採收機，葡萄樹周圍不但要立上籬笆，就連田壟的寬度也要配合機器的大小，而且要犁得比一般園地來得寬。換句話說，在設計葡萄園的時候，必須要配合採收機的大小來加以考量，而並不是為了活用葡萄園的特色來設計園地。當然，若遇到像摩澤爾這種位在斜坡上的葡萄園的話，就無法利用機器來收成，因此採收機必須在平坦的園地內才能夠發揮最大威力。

不過，利用機器採收最大的缺點，就是由於果粒在採收的階段已經略有破損，因此葡萄皮中所含的單寧等酚成分會滲入果汁裡，如此一來很容易讓果汁產生氧化現象。尤其在釀造白葡萄酒時，這一點會是個相當大的問題，因為從採收到榨汁的時間若太長的話，果粒中的蛋白質會流失，這樣反而會讓葡萄酒的顏色變得混濁，再加上葡萄皮中所含的酚若過度抽取的話，葡萄酒只要經過1～2年的裝瓶熟成，就會變成深黃色。另外，由於機器採收不像picker那樣在摘選葡萄時，可以盡量挑選健全成熟的果實，因此在採收之前就必須派人到葡萄園裡，先將尚未成熟的葡萄串或已經腐敗的果實，甚至把多餘的枝葉給去除，這點非常重要。像這種未經過人工篩選、直接用機器採收的葡萄，由於所釀成的葡萄酒裡頭，摻雜著尚未成熟和過熟的葡萄，因此酒中會同時散發出熟成的果香味與青澀的葡萄樹味，而這種香味讓人聞了會連想到叢林。不過，提到機器採收的缺點，就是會摻雜葡萄以外的東西，只要稍微確認一下用採收機採收到的葡萄，就會發現裡頭除了夾雜著葡萄樹的枝葉，另外還有蝸牛、蝗蟲這些小蟲，有時甚至還會發現到在葡萄園內築巢的小鳥死骸。

不過，提到機器採收的優點，就是其低廉成本與快速採收。一般而言，機器採收的成本只要手工採收的3分之1，而且可以採收一般人工的20倍。不僅如此，機器還可以一天工作24個小時，若在炎熱的栽種地區的話，可以趁著涼爽的夜晚來進行採收，將葡萄變質的機率減至最小。另外，由於機器的採收速度快，因此樹上的葡萄果即使等到氣候快要變壞前夕再採收也不會太晚。為了安全起見，波爾多大多數的頂級葡萄園通常都會準備採收機以防萬一。

採收機器的引進，雖然提升了平日消費用的葡萄酒品質與價格的競爭力，不過深信這種採收方式日後應能用在品質更加的葡萄酒生產上。

Remirez de Ganuza Reserva

進口商為JALUX。1995年份的理想零售價為7,455日圓

西班牙的Remirez de Ganuza Reserva成立於1980年代，屬於前途無量的後起之秀，在拉里奧哈（La Rioja）屬於少數只用自家葡萄園生產的葡萄釀酒酒莊，其所生產的紅葡萄酒品質相當優良。平均樹齡為60年的Tempranillo在利用手工採收之後，再放入14公斤容量的塑膠箱搬運至酒莊裡，送至酒莊之後葡萄會整個攤開在選果台上，剔除腐敗或尚未成熟的葡萄果之後，再將每串葡萄分切成上下兩半，其中只利用成熟度較高的上半部來釀造Reserva。葡萄串是從上半部這個果粒較多、體積較廣的部分稱為「耳朵」，與從下半部開始成熟的哈蜜瓜不同的是，葡萄串是從「耳朵」這個部分開始成熟的，因此如果能夠將這個部分挑選出來的話，應該能夠釀造出口感豐富的葡萄酒。

拉里奧哈傳統的葡萄酒「為磚紅色，同時散發出一股雪茄和鞣皮香，並且有股來自長期木桶熟成的爽口風味」，然而這瓶葡萄酒卻顛翻過去傳統的風味，酒除了呈現出略微粉紅的朱紅色之外，還有一股新鮮果香，不管是果酸或是果實味都均衡恰到好處。在橡木桶裡經過26個月的熟成之後，整個葡萄酒還會散發出一股濃濃的橡木風味。

釀製葡萄酒
相關人員與技術

第3章

葡萄酒的釀造

葡萄酒生產者的熱情

1974年9月的某個星期六清晨，當時還住在巴黎的Château Lafite莊主Eric de Rothschild男爵為了詢問收成和葡萄酒釀造的情況，於是打電話到葡萄園去，然而卻沒有人接電話，放不下心的男爵立刻跳上直升機趕過去一看，葡萄園竟沒開放，原來從業人員無視於正值葡萄採收的期間，竟然休假去了，於是自隔年開始，男爵便決定進駐葡萄園內。

土壤風味 vs. 製作葡萄酒的人（winemaker）

法國的釀酒家常說：「葡萄酒的風味，決定於以氣候、地勢或土壤這些要素為代表的土壤風味（terroir）」，而且非常厭惡聽到「winemaker」（製作葡萄酒的人）這個字，因為他們認為「想要用人為的方式來製作葡萄酒是個錯誤觀念」，「人們只是幫忙而已，真正在釀造葡萄酒的是葡萄本身」，有時候這個觀念正好也成了他們態度傲慢的最佳藉口。其實若到各處的酒莊裡研習的話，就會發現以法國為代表，散發出拉丁民族氣息的國家中，即使酒莊正值採收或葡萄酒發酵的時期，釀酒團隊在週末還是會好好地休息，這個是極為普通的情形。但相對的，若是在澳洲或加州的酒莊裡的話，在採收的這段期間通常是沒有休假，而且工作人員就像是拉著馬車的馬兒般，從早到晚工作個不停。

Flying Winemaker

在南法、義大利、西班牙和東歐，尤其在合作社的酒窖裡，經常會發現澳洲人或紐西蘭人在這些地區工作的背影，這些人被稱為Flying Winemaker。基本上當他們還在自己國家的時候，就是以生產葡萄酒維生，等到北半球到了迎接葡萄收成的9月時，就會「跳上」飛機趕往此地。儘管這裡的葡萄有非常大的機會釀出好酒，但由於釀造技術不純熟，使得生產的葡萄酒無法獲得好評，因此那些澳洲人與紐西蘭人甚至為此而掀起革命。

通常這些葡萄酒生產者們會受聘於英國等地的連鎖超市，並在固定的合作社裡工作，以應雇主超市的要求釀造出其心目中理想風味的葡萄酒；另一方面，合作社方面則是以零售連鎖超市會採購他們所釀出的葡萄酒為條件，提供葡萄與釀酒設備來釀酒。近年來應Flying Winemaker的要求，而導入最新的迴轉式發酵桶和小橡木桶的合作社，有增加的趨勢，明顯地看出釀造技術漸漸在轉移當中。這些雇主之所以千里迢迢遠從南半球聘請這些Flying Winemaker，除了他們擁有最新的釀造技術與衛生管理能力之外，另外一個原因就是這些生產者勤勉的工作態度，因為葡萄收成之後，一旦開始進入葡萄酒的釀造階段，就必須心無旁騖地勤奮工作，甚至到發酵告一段落為止，這個階段也必須經常守在酒桶旁直到天明。

革新

近年來許多歐洲的釀造現場也開始播放搖滾樂，讓那些擔任釀酒的工作人員們，能夠在輕鬆的環境下來釀造葡萄酒，不過那些Flying Winemaker帶進舊世界的不只音樂，其中影像變化最大的就是水的用量。只要葡萄汁或葡萄酒不小心打翻在酒莊的地板上，就要立刻拉水管用水沖洗乾淨以免雜菌滋生，除此之外，還需要用大量的水以控制發酵桶的溫度。

酵素的使用方面也產生了劇烈變化，而且歐洲那些大規模的生產者已經開始引進了。使用機率最高的酵素之一就是果膠（Pektin）分解酵素，這種酵素能夠分解延緩果汁澄清功能的果膠，同時還能夠快速地降低果汁的黏著性，採用這種方式雖然可以降低成本，但勃艮第這些傳統的生產者對於此法依舊抱持著批評的態度。

一般人很容易只著眼在這些革新的技術來對Flying Winemaker下評價，使得這些生產者常成為眾矢之的，遭人批評他們「只會引起全球葡萄酒的統一化」。不過，他們最該受到好評的，應該是他們那不眠不休的工作熱誠才是。

位於舊蘇聯摩達維亞（Moldova）地區的Kirkwood Winery酒窖裡，就在發酵桶旁放了一張有點髒的沙發，而那張沙發套上，深深地感染了在那裡徹夜不眠的Flying Winemaker們的熱情。

Coldstream Hills Pinot Noir Reserve

進口商為Farmstone，2004年份的
零售價約為7,000日圓

Coldstream Hills為澳洲代表性的葡萄酒研究家、James Halliday在1985年於氣候涼爽的維多利亞州Yarra Valley所成立的酒莊，現在主要生產全世界品質最高的黑皮諾與夏多內這兩種葡萄。

為了「想要釀造出超越勃艮第最佳品質的葡萄酒，就必須投入大筆資金才行」，於是1996年Halliday將酒莊出售給South Corp（現為Foster's Group）這家澳洲規模最大的葡萄酒公司，除了在葡萄園和酒窖方面投入大筆資金之外，自己本身也放棄經營者這個地位，以葡萄酒生產者之一的身分，進而將目標轉向全世界的頂點。

照片中的葡萄酒為澳洲最具代表性的黑皮諾所釀成的，尤其是在1997年這個生產年，由於平均每棵葡萄樹所採收到的葡萄串相當少，再加上所結的果實不大，使得整串葡萄顯得相當稀疏，此外由於收成前夕氣候變得炎熱乾燥，使得當年的葡萄顆粒相當地小，不過反而讓榨出的果汁味道出奇地濃郁，因此釀出了品質相當優良的葡萄酒。其實歷年以來每串葡萄的重量至少有90公克，然而這一年卻只有40公克，平均每公頃的收成量只有13公石，這在勃艮第是從未發生過的情況。這瓶讓人品嚐到的礦物質粗獷口感，只有全世界最高品質的黑皮諾才能夠釀造出來。

20世紀的革新

「1990年代的這10年間葡萄酒在義大利所發生的釀造技術革新，遠比這過去2000年以前的變化來的劇烈」

Ezio Rivera 博士（義大利釀酒顧問）

釀造

葡萄酒釀造的20世紀，始於Louis Pasteur（1822—1895）的逝世，以及他那詳盡的釀造理論。初期除了闡明酒精發酵的內容之外，他所研發的低溫殺菌法（pasteurization）*[1]，還能夠讓葡萄酒善加得以保存。由於義大利的葡萄酒很容易在瓶內進行二次發酵與腐敗，針對這一點，Rivera博士起先著手的就是利用低溫殺菌這個方法來解決這個問題。

另一方面Pasteur的助手Ulysse Gayon，其孫也就是波爾多大學的Jean Ribéreau-Gayon教授自1930年以後，便與Emile Peynaud教授共同闡明乳酸發酵（malo-lactic fermentation）*[2]的過程和效用，讓葡萄酒的釀造從偶發的產物提升至可讓人們更加積參與的藝術境界。另外，波爾多大學自1950年代開始引進色層分析（chromatography）這項藉由分析葡萄酒的技術，使人們得以利用化學方式來判斷原材料的葡萄品種。自1870年末那場襲擊波爾多的葡萄根瘤蚜災難之後，色層分析技術讓那些企圖在水面下繼續繁殖混合品種（hybrid）*[3]的惡劣栽種者無所遁形，利用高貴的葡萄品種來取代那些容易釀出粗劣品質葡萄酒的混合品種，這種方式對於提升波爾多葡萄酒的品質可說是大有貢獻。

20世紀由於挑選、培養適合釀造葡萄酒酵母與乳酸菌的這項技術，使得生產者能夠大量生產品質更加穩定且沒有任何缺點的葡萄酒。這些變化有賴於微生物學和化學的發展進步，讓釀製葡萄酒進入一個從農民手上轉交至釀造家手上的時代。

葡萄栽種

葡萄園裡也發生了相當大的變化。19世紀末，歐洲的葡萄園因感染到葡萄根瘤蚜和白粉病而遭到荒廢，逼不得已只好將染病的葡萄樹整個移除種新移植新樹。在發生這種情況之前，在波爾多的每個區塊裡，都混合種植著成熟時間不同、品種不同的葡萄，同時採收並混合釀造。不過自發生葡萄根瘤蚜而將葡萄樹整個移種之後，每個區塊就只種植單一品種的葡萄，自此每個品種的葡萄可以依照各自的最佳成熟時期來採收，並分別放入發酵桶裡釀造。如此一來，不但能夠減少卡本內葡萄尚未成熟時所散發出來的青椒味，另一方面，也點明了長久以來認為是散發出「葡萄園特殊風味」的葡萄酒芳香與口味，其實大部分是受到葡萄品種比例和採收時機的影響而形成的。近年來生產者更進一步邁向依

＊1　pasteurization為一種低溫加熱殺菌法。由於這種殺菌法會使得葡萄酒失去新鮮的果香味，因此現在一般只用在大量生產、價位較低的葡萄酒上。其中以「hot bottling」這種將葡萄酒加熱至55℃之後再裝瓶的方式為主流。

＊2　利用乳酸菌將葡萄汁或葡萄酒中主要有機酸之一的蘋果酸，轉化成乳酸與二氧化碳以進行發酵。由於二元蘋果酸會轉換成單元乳酸，不但可以降低葡萄酒的酸度，同時還能夠讓酒的口味更加豐富，使得葡萄酒裡頭的微生物更加穩定。

＊3　利用數種不同「品種」培育改良而成的混合葡萄品種，在這裡通常指的是Seibel和Baco這兩種利用美國與歐洲品種交配而成的新配種。這種混合品種不僅能夠抵抗葡萄根瘤蚜，亦不需要接枝，因此可以降低栽種成本。不過一般認為其所釀成的葡萄酒品質不高，因此在ＥＵ當中，法國ＡＯＣ和義大利ＤＯＣ這些高級葡萄酒均嚴禁使用混合品種的葡萄來釀造。

照無性繁殖品種以及與砧木組合搭配，來分別管理葡萄園內的田壟地，每一小批葡萄放入小型發酵桶裡釀造，從中只挑選並混合品質最佳的那一批，最後生產出符合冠上葡萄園名稱資格的葡萄酒。

由於長久以來都是以傳統的壓枝（provinage）方式來增殖葡萄樹，因此在勃艮第的葡萄園內平均每公頃的植樹密度，竟超過2萬４０００棵葡萄樹，這可說是作業環境相當惡劣「毫無秩序可言的密集種植」，不過經歷過葡萄根瘤蚜這場災難之後，園內的葡萄樹均以接枝的方式重新種植，因此所有的葡萄園搖身一變，成為植樹密度只有1萬棵左右，並整齊地與田壟組成一個作業環境優良的葡萄園，讓種植者得以更加頻繁地檢查葡萄樹的健康狀況。

藉由像１８８５年所開發的波爾多液（Bordeaux mixture）這種代表性的防霉劑，使得種植者在波爾多與勃艮第這些溼度高的產地中，即使面臨著葡萄的熟成階段，也能夠採收到健全且成熟的果實。不僅如此，由於１９８０年開始提倡的「頂篷管理法（canopy management）」改良了葡萄樹的種植和枝葉生長的方式，成功地控制了葡萄樹的樹勢，因此就算是肥沃且平坦的園地，或是長久以來由於氣候過於炎熱，因而不適合用來栽種高級葡萄酒葡萄品種的土地，藉由這種方式也能夠釀造出品質絕佳、無可挑剔的葡萄酒。

雖然有時會看見那些過去評價甚高的葡萄酒，只因遭受到葡萄根瘤蚜的襲擊，而使得價格不合常理的低廉，不過由於高級葡萄酒生產者的財務狀況如飛躍一般地好轉，因此所獲得的利潤又重新投資在提升葡萄酒的品質上。相信１９９０年的葡萄酒，是打從人類開始釀造葡萄酒的這７０００年以來，品質最棒的葡萄酒，而我也以曾經參與這個時代的葡萄酒產業引以為傲。

乳酸發酵法

「世界上將乳酸發酵這個作業流程用在夏多內葡萄上雖然行之已久，但卻無人提及這項技術幾乎會把土壤風味（terroir），也就是葡萄園的特殊風味完全蓋住的這件事實」

Warren Winiarski（Stag's Leap Wine Cellars）

乳酸發酵（Malo-latic fermentation）

乳酸發酵（ＭＬＦ）是將葡萄汁中味道如同青蘋果般澀酸的蘋果酸，借用乳酸菌的作用轉化成乳酸與二氧化碳的一種化學反應，經由這個步驟，葡萄酒的酸味不僅會變得比較不刺激，同時風味也會變得更加豐富，這個方式通常用來減少並安定葡萄酒中所含多餘的酸，尤其是寒冷地區的紅葡萄酒，乳酸發酵可說是不可缺的處理步驟。次要的，ＭＬＦ還會產生出一種名為雙乙醯（diacetyl）這種會散發出如同奶油般乳香的成分。幾乎所有的紅葡萄酒和氣泡葡萄酒，都是藉由乳酸發酵而使得風味變得更加濃郁，不過有些特定白葡萄酒的風味，卻會因此而遭到破壞。換句話說，如果是夏多內的話，ＭＬＦ可使葡萄酒的風味更具深度，相對的，如果是味道纖細的麗絲玲或白梢楠（Chenin Blanc）的話，其濃郁的果香味就會因而沖淡，所以儘管這些葡萄品種的酸度極高，通常還是會避免用ＭＬＦ這種方式來降低酸度。像在摩澤爾或萊茵高等地若需要降低夏多內酸度的話，通常會利用添加二氧化硫，以化學方式去除酒石酸這個方法來解決。

ＭＬＦ的歷史可說是與葡萄酒生產的歷史一樣悠久，不過卻是到了１９３０年，經由波爾多大學的Jean Ribéreau-Gayon教授的研究之後，人們才真正認識到ＭＬＦ，進而善用此法。ＭＬＦ的過程揭開之後，在其管理方法正式確立以前，大部分的葡萄酒都會在瓶內產生ＭＬＦ作用，這個現象會不知不覺地使得葡萄酒含有發泡性這個問題在義大利的葡萄酒產業中造成相當大的困擾，就連１９８０年所釀造的巴羅洛，也三番兩次地發現這項缺失。Ezio Rivera博士自擔任釀酒顧問之後，第一件做的就是利用低溫熱處理的方式，以抑止葡萄酒在瓶內發生ＭＬＦ的問題。

近年來，尤其是在那些以澳洲的釀造技術為中心導向的葡萄酒生產國中，ＭＬＦ漸漸扮演著如同調味料般的角色。像是在Hunter Valley或Barossa Valley裡所種植的夏多內，儘管酸度低到必須要補強，但是礙於葡萄酒市場上偏好因ＭＬＦ所帶來的奶油般風味，因此除補酸之外，進行ＭＬＦ已是習以為常的事了。ＭＬＦ若與橡木桶發酵或是利用橡木片來增添香草香味這些作業一起進行的話，就會生產出因技術卓越所釀造的葡萄酒，但同時也會讓葡萄成長的葡萄園其風味消失殆盡。

氣泡葡萄酒

在生產氣泡葡萄酒時，也會依情況來進行ＭＬＦ。像是在氣候寒冷的香檳區，除了Krug、Bollinger、Lanson、Saronnno這些葡萄酒生產者之外，其他生產者在生產氣泡葡萄酒時，通常都會進行某一程度的ＭＬＦ，好讓葡萄酒的風味更加濃郁與豐富。不過，ＭＬＦ要是過度進行的話，葡萄酒中那因雙乙醯所帶來的奶油般香味就會過濃，這樣反而會導致酒的味道過於單調，因此在進行ＭＬＦ比例相當高的Champagne House裡，就會特地挑選雙乙醯生成能量最低的乳酸菌，以期追求風味均衡的葡萄酒。

相對於此，氣候較溫暖的加州地區為了迎合美國消費者喜愛果香味濃的風味，再加上當地葡萄在採收時，由於蘋果酸佔果汁的總酸度比例相當高，生產者擔心其生產的氣泡葡萄酒中，會殘留過多MLF所帶來的奶油香，使得葡萄酒失去應有的高雅風味，因此幾乎所有的生產者都不會進行MLF。

經由這個背景，在1990年代以前即使是矇眼測試，人們依舊比較容易判斷出何者為香檳區、何者為加州的氣泡葡萄酒。然而近年來由於加州的葡萄園移到氣候涼爽的沿海地帶之後，Champagne House的美國分公司在其所釀造的頂級香檳（Top Cuvée）裡，也開始增添MLF的特殊香味，由此可看出在不久的將來，葡萄酒專家們在進行矇眼測試的時候，可能會分辨不出這兩種葡萄酒的差異了。

Roederer Estate L'Ermitage

進口商為Enoteca。1999年份的零售價位為8,000日圓左右

成立於1983年的Roederer Estate乃是以「Crystal」這款香檳而聞名的Champagne House，也就是Louis Roederer旗下的美國分公司，其所生產的頂級香檳，就是「L'Ermitage」這款加州最頂級的氣泡葡萄酒。Roederer Estate所有的葡萄酒，通通都是用位於氣候寒冷地區的Anderson Valley，這片面積達235公頃的自家葡萄園所栽種而出的葡萄釀造的。在1995年這個生產年以前，雖然從未進行過乳酸發酵，然而近年來卻利用10%～20%的基酒，實驗性地進行MLF。L'Ermitage的葡萄混釀比例，通常是夏多內65%、黑皮諾 35%，不過可能是成熟度過高，總覺得黑皮諾的比例比實際上的還要高。來自酵母的餅乾般芳香和新鮮果香風味相當均衡，是款風味深邃的氣泡葡萄酒，出廠之後立即品嚐的話，當然是風味絕佳，不過若能經過5年左右的裝瓶熟成的話，整體風味會達到一個更高的境界。

葡萄酒的色澤

自1990年代以後，紅葡萄酒的顏色越來越深。相較之下，白葡萄酒的顏色卻是越來越淡。

紅葡萄酒

葡萄酒通常會依顏色而分類為「紅」、「白」與「粉紅」，不過也有的葡萄酒像澳洲的希哈，顏色深的無法看穿玻璃瓶的另一邊，另外也有如萊茵高紅葡萄酒的顏色，看起來就像是粉紅葡萄酒般淺淡。將葡萄酒顏色染成紅色的物質，是一種名為花色素（anthocyanin）有青、紫、紅這三種水溶性的色素，通常會出現在黑葡萄的果皮中。由於葡萄品種的不同，因此裡頭所含的色素種類、比例以及含量也會隨之而異，因此只要調查葡萄酒中所含的花色素成分，便可推測這是用何種品種的葡萄釀製而成的。其中最令人感興趣的，就是花色素的特色會受到pH（酸度）的含量影響而改變形狀，當pH值越低（酸度越高）的話，色素就會離子化，因此釀出的葡萄酒就會呈鮮紅色；相對的，當pH值越高的話，釀出的葡萄酒就會呈現較為黯淡的顏色。這就如同繡球花會隨著土壤的酸鹼值，來改變花朵顏色的現象一樣，在寒冷氣候下所栽種的葡萄，若能夠維持在較低的pH值的話，從這一點來看，光是靠葡萄酒的顏色，就可以推測出其產地的氣候了。

影響葡萄酒的顏色除了葡萄品種和氣候之外，還有其他各種要因，像是收成當年的氣候就是其中之一。如果當年的降雨量少的話，所結的葡萄顆粒會比較小，因此果皮占果汁的比例相對的就會變高，最後造成釀出的葡萄酒顏色較深。另外，在釀造階段如果果皮接觸果汁的時間越長、浸皮溫度以及酒精度數越高的話，葡萄酒的顏色也就會越深，除此之外，萃取成分時所使用的釀造技術不同，其葡萄酒的顏色也會顯然不同。

當那些以數值來評價葡萄酒的評論家其影響力變強之後，自1990年代起，葡萄酒生產者開始以釀造顏色更深的葡萄酒為指標，來迎合這些評論家的喜愛。另外，在澳洲的葡萄酒品評會上，由於必須在短時間內評價那出廠數量龐大的葡萄酒，因此有不少的評審員只是靠葡萄酒顏色的深淺，就未加思索地認為「顏色深」＝「高度萃取」＝「風味濃郁」，從這點可看出因過度萃取所造成的弊害，甚至是人為著色的現象發生。

在1990年代以前，想要釀造出顏色深邃的葡萄酒其實是件不容易的事，因此當時的生產者通常會加入一種在Teinturiers葡萄系列中，除了果皮之外，果肉內也含有大量色素的Alicante Bouschet這一類的葡萄，與其他品種一起混合釀成葡萄酒，以便補足酒的顏色。這個交配品種在法國為栽種面積排名第11廣的黑葡萄，到了現在也用來當作一般消費用葡萄酒的「增色劑」。此外，有些國家近年來，甚至還會使用一種從黑葡萄果皮中抽取出的名為花青素（anthocyanin）的著色劑，企圖要打破「顏色深」＝「風味濃郁」這個迷思。

白葡萄酒

與紅葡萄酒一樣，白葡萄酒也會因使用的葡萄品種不同，其所釀出的葡萄酒顏色也會隨之而異。舉例來說，像是Palomino或Pinot Blanc屬於容易氧化的葡萄品種，故其所釀成的葡萄酒便容易呈褐色，麗絲玲因含綠色的非酚物質，故年份較短的葡萄酒會呈綠色。此外，果皮呈暗粉紅色的

Gewuerztraminer和Pinot Gris所釀出的葡萄酒，顏色則呈深黃色。不過，不可以忘記的是，如果將果皮接觸到果汁的機會降至最小的話，即使是黑葡萄，亦有可能釀造出白葡萄酒，像是以黑皮諾或皮諾莫尼耶釀成的淺粉紅葡萄酒為基酒，接著在瓶內進行二次發酵的話，裡頭所含的色素就會因酵母的新陳代謝而被酵母菌給去除，最後混濁的成分會沈澱下來，這就是白色的氣泡葡萄酒了。

當然，氣候和釀造技術也與葡萄酒的顏色有密切關係，像是利用貴腐葡萄釀製而成的葡萄酒就呈金黃色，另外在發酵之前先行skin contact的白葡萄酒裡頭，由於含了大量的酚，因此在裝瓶熟成的初期階段即呈現褐色。至於釀造技術影響方面，最令人感興趣的，就是利用小橡木桶進行發酵，最後酒渣沈澱在桶底、完全熟成的夏多內葡萄酒，其顏色會比先經過不鏽鋼酒槽發酵，接著再倒入小橡木桶釀造的酒來得淡，探究其因，應該是因為色素會被沈澱的酵母死骸吸收所造成的。

１９９０年代以後，基本上白葡萄酒的顏色雖然越來越淡，不過這是因為將果汁、葡萄酒與氧氣隔離的技術發達影響而成的，此外據說另一個原因，就是利用小橡木桶發酵的這個方式越來越普遍所造成的。

Cahors Le Cèdre, Château du Cèdre

進口商為稻葉。2001年份的零售價格為4,500日圓左右

位於法國西南部、離波爾多200公里遠內陸地的卡歐爾（Cahors），是一個歷史悠久的葡萄酒產地，以今日在波爾多少見的馬爾貝克（Malbec）為主要種植品種，並釀造出色深味濃的葡萄酒。過去在中世，由於波爾多葡萄酒商們的策略，規定除非新酒銷售一空，否則波爾多產的葡萄酒一律不准從波爾多港出口至他地，使得當地酒莊的經營處於困境。不過，「卡歐爾的黑葡萄酒」這個名聲可能打響了全世界，就連以俄羅斯皇帝的酒商而聞名，位於克里米亞（Crimean）半島上的Massandra Wine Kombinat，也仿效「Cahors」這個名稱並標示在俄羅斯產的葡萄酒上。這瓶酒過去之所以會被稱為「卡歐爾的黑葡萄酒」，是因為生產者將部分葡萄汁利用熬煮的方式，讓色素與糖分濃縮之後，接著再摻入發酵中的葡萄酒混合釀造，因此利用這種方式釀成的葡萄酒，就成了波爾多用來補強顏色較淡的葡萄酒其混合材料。

Chateau du Cedre為卡歐爾代表性的生產者，以超過4週以上的果皮釀造，來生產傳統的「紅葡萄酒」。而Le Cedre正是Chateau du Cedre中最高等級的葡萄酒。

橡樹

「當要說明葡萄酒中所呈現出來土壤風味的差異時，常有人會說『梅索（Meursault）的葡萄酒有股燕麥香，而夏山・蒙哈榭（Chassagne Montrachet）的葡萄酒則散發出一股烤過的麵包香』，不過卻沒有人知道，其實梅索的橡木桶工匠是利用蒸汽的方式來彎折橡木，而夏山的橡木桶工匠卻是直接用火來烘烤橡木桶」

Mel Knox（橡木桶經紀商）

橡木桶

木桶自西元前開始就用在儲藏和搬運葡萄酒上，而現在廣泛用來裝葡萄酒的小酒桶，幾乎都是容易成形且材質堅固，其香味成分容易溶入葡萄酒內的橡木。各個產地雖然栽種著不同品種的橡木，不過用來釀造葡萄酒的，主要有美洲橡木（年產量約80萬桶*1）和法國橡木（年產量約20萬桶）。與葡萄樹一樣，即使是相同品種，生長在寒冷氣候的橡木其樹木纖維會比較密，土壤越肥沃，其纖維會越稀疏。用來製作橡木桶的樹，通常是樹齡80年以上的橡木，等到冬季來臨樹液下降時，再將樹木砍下，經過木材加工、乾燥之後，再組成橡木桶。

*1 生產量裡頭包括蒸餾酒用的酒桶。

一般所說的橡木桶，通常指的是容量２００～３００公升的小酒桶，容量越少，葡萄酒接觸到橡木表面積的比例也就越高，因此釀造的酒受到橡木的影響也就越大，世界上普及率最高的，就是波爾多長久以來傳統使用的「barrique」，容量為２２５公升，可以分裝成３００瓶７５０毫升的葡萄酒。

橡木桶的功能

對於今日大多數的高級葡萄酒而言，在進行發酵與熟成時，橡木桶是不可或缺的工具。雖然橡木桶對葡萄酒所造成的影響，尚未能以化學的方式來揭曉謎底，不過從經驗中可以得知，橡木能讓葡萄酒與某一程度分量的氧氣接觸，藉此讓葡萄酒更為清澈與安定。此外，橡木還能夠讓葡萄酒散發出如同香草般的芳香，並且含帶著苦澀味的黃色素單寧，如果能夠適度利用的話，這些風味不僅能夠與緩慢氧化所帶來的酸味互起作用，甚至還能夠讓葡萄酒的味道更加深邃濃郁。由於橡木桶越新鮮的話，品質也就越衛生，而其所散發出的香味也會溶入葡萄酒中，因此在價位上桶子越新，價位也就越高，像是自然乾燥的美洲橡木新桶每個約４萬日圓左右，而法國橡木新桶則是10萬日圓左右，使用１年的中古橡木桶價位為新橡木桶的70％，２年的橡木桶為50％以下，使用５年的橡木桶則只有10％的交易價。

一般來說，頂級葡萄園（grand cru）大部分都只用新的橡木桶來釀造葡萄酒，然而勃艮第的生產者當中，有的因為不喜歡新橡木桶那過濃的香味，因此會刻意降低使用新桶的比例，或是先用來釀造次一級的葡萄酒，減緩新桶的風味之後，再用來釀造最高級的葡萄酒。另一方面，也有的生產者像Dominique Laurent一樣，將在新橡木桶中尚在熟成的葡萄酒換到另外一個新桶中，標榜著「２００％新橡木桶熟成」並引以為傲。進行發酵與熟成的葡萄酒，如果味道越厚重的話，就越能夠與新橡木桶的風味抗衡，因而能夠釀造出品質優良的好酒，所以像是梅鐸頂級葡萄園年份、品質不錯的葡萄酒，或是資金充足的加州頂級酒莊所釀造的卡本內或夏多內葡萄酒，100%都是利用新橡木桶來釀造的。

熟成期間對於葡萄酒的風格，也會造成決定性的影響，像是較爽口的白葡萄酒，只需2個月的時間，就可以釀造出品質相當不錯的酒，但像西班牙的Unico這種口味較香醇濃厚的葡萄酒，就必須花上10年的時間來進行熟成。另一方面，由於消費者開始尋求果香味重、容易入喉的葡萄酒，因此現在連那些長期以來實行傳統木桶熟成的西班牙與義大利的高級葡萄酒，也開始縮短了熟成的期間。

此外，有部分葡萄酒的相關報導，會偏向對散發出濃濃橡木味的葡萄酒給予相當高的評價，為了迎合這點，有些生產者反而釀造出橡木味過於濃烈的葡萄酒，尤其是在部分新世界所釀出的夏多內葡萄酒裡，甚至還出現了讓人分不清究竟是葡萄酒或是橡木精的產品。

美洲橡木和法國橡木

用來釀造葡萄酒的橡木，一般而言大致可分為美洲橡木和法國橡木，不過實際上裡頭還分別有數種「品種」存在，因此指的並非是單一品種的橡木。這兩組橡木最大的差異在於物理上的不同，美洲橡木裡有種稱為tylose的阻塞細胞，這種細胞的含量豐富且材質綿密，即使用鋸子將橡木鋸成形，葡萄酒也不會因此而流漏出來；相對的，通氣孔較多的法國橡木由於容易讓液體流通，故必須以人工斧劈的方式沿著木紋來劈成木片，因此用法國橡木劈成木片的時候，經常會造成許多浪費，一整棵樹齡100年左右的圓橡木，也只能劈出約2個橡木桶左右所需的木片，但同樣大小的美洲圓橡木，卻可裁切出能夠組合4個酒桶以上的橡木片。全新的美洲橡木桶約4萬日圓左右，而法國的卻需要花費10萬日圓左右，這其中最大的理由，就在於這一整棵圓橡木所能裁切的木片數量。雖然一整棵法國圓橡木的價位較高，但通常這兩者之間的價格的差距並不甚遠，也就是說，用來製作酒桶的圓木頭如果是法國橡木的話，其價格方面約在3萬5000日圓左右。

從化學的分析也能夠觀察出美洲橡木與法國橡木的不同。與法國橡木相比，美洲橡木裡頭含有一種稱為香草醛（vanillin）的成分，這裡頭含有豐富的酚醛（phenolic aldehyde），能夠讓葡萄酒散發出一種如同香草般的芳香，同時還能夠讓酒帶有一種較為收斂的苦味。一般來說，利用美洲橡木熟成的葡萄酒所散發出來的橡木味較濃，同時還帶有一股甜甜的香草香。

自然乾燥和窯爐（klin）乾燥

長久以來，一般都認為香味濃郁的美洲橡木，雖然適合釀造像澳洲的希哈或加州的金粉黛（Zinfandel）這些風味較濃郁的葡萄酒，但卻不適合風味較高雅的卡本內蘇維翁或梅洛，甚至是口味纖細的黑皮諾或夏多內這類的葡萄酒，不過這類單方面的偏見，卻因Robert Mondavi和Seguin Moreau這家橡木桶公司的研究而漸漸消除。過去當所有的美洲橡木桶都是委託美國東部的波旁（Bourbon）酒桶工廠製作時，就連葡萄酒專用的酒桶，也都是比照波旁酒桶的方式來製作，然而自法國主要的箍桶公司Seguin Moreau在加州那帕谷（Napa Valley）成立工廠之後，美洲橡木桶產生了巨大的變化，也就是說，過去波旁酒桶的製造商用鋸子將木頭劈成木片之後，再利用人工的方式將木片放入窯爐（klin）裡烘乾，然而以Seguin Moreau為首的葡萄酒橡木桶製造商，卻是把法國傳統的製作手法帶入美國，首先將酒桶木片置於室外暴露在雨中2～3年，以自然的方式來使木片變得乾燥。

據知經過雨淋的橡木片，其裡頭所含的一些成分，如散發出椰子香的內酯（lactone），以及色素和苦味來源的單寧會隨著雨水而流失。實際上，將橡木片交錯疊放好讓木片自然乾燥的地方，其地下的土壤會因為橡木材流出的成分而變成黑色。自然乾燥法做成的美洲橡木桶其所熟成的葡萄酒，口感會比利用窯爐乾燥的橡木桶所釀造的葡萄酒來得順口，甚至還能夠柔化橡木中的單寧，釀造出一種更加接近法國橡木熟成口味的葡萄酒。在位於那帕谷的Seguin Moreau研究所裡，可以試飲、比較利用自然乾燥的法國橡木桶與美洲橡木桶、窯爐乾燥的法國橡木桶與美洲橡木桶，這4種不同橡木桶所釀造的同一品種葡萄酒，最後得到的結論是，葡萄酒的風味與其說是因法國橡木和美洲橡木的差異所造成的，倒不如說是自然乾燥與窯爐乾燥所造成的差異性會比較大。根據這項研究，現在就連法國頂級葡萄酒的生產者，也都開始使用自然乾燥而成的美洲橡木桶來釀酒，像是1995年以後，Château Lagrange的副牌酒裡頭，就有5～10％是使用美洲橡木桶釀造而成的。

燻烤

橡木桶組合好之後，其內部燻烤的程度也會大大地影響到葡萄酒的風味。傳統上會在橡木片上加熱以便將木片彎成需要的形狀，而這個加熱的步驟會使得木桶內部的表面產生活性炭化，而這個化學反應所留下來的味道，可以讓葡萄酒散發出一股香味，而現在的葡萄酒生產者更可以要求酒桶生產者依照自己的喜好來製作橡木桶。

橡木桶只要一經過燻烤，裡頭那些會散發出椰子香的內酯和香草香的香草醛等香味成分就會隨之提升。當橡木桶燻烤得越焦，殘留在葡萄酒中的咖啡烘焙與香料般的香味也就會更加強烈；相對的，橡木桶燻烤的時間越短，許多來自單寧和橡木的成分就會被酒精給去除，而這樣釀造出來的葡萄酒，就會散發出一股濃濃的橡木香，成為一瓶充滿木材香的酒。

一般來說，使用單寧成分高的卡本內蘇維翁來釀造葡萄酒的梅鐸頂級葡萄園，比較偏好略微燻烤的橡木桶，相對的，使用單寧成分較低的黑皮諾來釀造葡萄酒的勃艮第生產者，則喜好燻烤較久的橡木桶。

發酵與熟成

不同釀造階段的葡萄酒移至酒桶裡發酵，也會影響到橡木所散發出的特殊風味，尤其是究竟是要在小橡木桶裡進行酒精發酵和乳酸發酵，還是要先在不鏽鋼等非活性容器裡進行發酵之後，再移至酒桶裡，這些都會大大影響到葡萄酒的香味。

舉例來說，先在不鏽鋼酒槽裡進行酒精發酵之後再移至酒桶裡熟成的夏多內，其裡頭的酚含量會遠比在小酒桶裡發酵、熟成的葡萄酒來得多，而且顏色一般會呈現深黃色。反過來說，儘管在橡木桶的時間不長，但橡木的風味卻非常濃郁。據推測，其原因在於只要在小酒桶裡進行發酵的話，橡木的風味就會更容易溶入葡萄酒裡，而另外一個因素以生化的觀點來看，酵母會把橡木中的成分轉換成其他物質，也因此酒中的橡木味會特別濃厚。

在小酒桶裡發酵的白葡萄酒一般來說，其發酵溫度會比在不鏽鋼裡發酵的白葡萄酒來得高，因此當酵母在製造出能夠讓葡萄酒的風味更加香醇的甘油時，卻也容易失去那來自葡萄的新鮮風味。不過酒桶內卻可穩定地提供氧氣，並同時慢慢地進行氧化，這讓葡萄酒清澈的速度會比在不鏽鋼桶裡發酵時來得快，伊甘堡（Château d'Yquem）為了能夠控制酒桶發酵期間的溫度，特地將酒桶排放在空調設備齊全的狹小房間內，而加州Benziger這座葡萄園為了保持葡萄酒中新鮮的果味，甚至將夏多內的酒桶放置在寒冷得幾乎是冰凍的酒窖裡進行發酵。

物理上來說，若要將連同果皮、葡萄籽，有時還包括果梗一起發酵的紅葡萄酒，倒入出酒口較小的酒桶裡進行酒精發酵的話，可能有點困難。不過，夏多內若能夠在小酒桶裡進行發酵的話，不僅葡萄酒的品質會提升，而且評價也會隨之升高，因此有些生產者已經開始重複地進行實驗，而加州的Fetzer葡萄園更是利用了Santa Barbara的黑皮諾，挑戰嘗試在小酒桶裡發酵並熟成葡萄酒。

即使同樣都是卡本內蘇維翁，由於釀造的方式不同，葡萄酒所呈現出來的口感也會隨之而異，通常在果皮色素量較少、以抽取色素為優先課題的梅鐸，即使酒精已經發酵完畢，還是需要繼續進行浸皮作業（maceration），等葡萄酒乳酸發酵結束之後，才會正式將葡萄酒移至酒桶裡；相對的，在日照充足、完全成熟的果皮中色素飽滿的南澳洲的話，由於在酒精發酵的途中，色素就會成飽和狀態，因此將果皮與種子從葡萄酒中過濾而出之後，就可以在小酒桶內完成酒精發酵和乳酸發酵這兩個作業。也因此，即使扣除掉收成時果實生理上的成熟差異，梅鐸所釀的葡萄酒，通常會讓人感覺到單寧味較重，而且口味較烈，而南澳洲所釀的葡萄酒單寧味則較淡，而且風味相對的比較順口。

過去在提到土壤風味時，經常被引用的葡萄酒所散發出的特殊風味，藉由橡木相關的研究，可以得知那股特殊風味其實並非來自於葡萄園的土壤。

Au Bon Climat Nuits-Blanches

Nuit Blanche對於2002年份的零售價位為6,500日圓左右

Au Bon Climat（ABC）的Jim Clendenen時時在擔心，「萬一迎合葡萄酒的評論的話，那所有高級葡萄酒就會變成只剩下採收期較晚、果味較重、酒精濃度高，而且會利用人為的方式，讓酒的風味更加豐富，同時散發出橡木味道強烈的葡萄酒了」。在1990年代中期，以數字來評價葡萄酒的評論媒體，就曾經批評「ABC的夏多內品質在下降」，因此而夜夜無法入眠的Clendenen從1996這個生產年開始，第一次發表「Nuits-Blanches（意為「白夜」，轉意為「無法入眠的夜晚」）」這瓶葡萄酒。

這瓶酒與Clendenen其他具代表性的夏多內葡萄酒之一「Le Bouge」一樣，都是使用Bien Nacido Vineyard的夏多內釀造而成的，不過就只有用來釀這瓶酒的葡萄其區塊較晚採收，好讓葡萄能夠稍微過於成熟。200%使用全新的法國橡木桶，在經過長達24個月的酒桶熟成之後，所釀出的葡萄酒酒精濃度高達15%。這瓶葡萄酒才上市沒多久，就廣受評論媒體的喝采，甚至獲得比同年上市的「Le Bouge」還要高的評價。

1997年份的酒瓶上之所以會出現“WHY?”的字樣，主要是要表現出Clendenen他真正愛不釋手的，是「Le Bouge」這瓶傳統口味的葡萄酒。

氧化

常有人說：「氧氣是葡萄酒的大敵」，不過，這句話是否屬實呢？

氧氣

氧氣約佔大氣的21％，屬於無色無味無臭的氣體，與非活性的氮氣不同，屬於非常容易起化學反應的氣體。不管是從葡萄園或是到餐桌上，氧氣與葡萄酒的各個階段可說是息息相關，在所有的過程當中，氧氣並非葡萄酒的敵人，對葡萄酒來說，氧氣反而是不可或缺的。

不管是天然酵母還是培養酵母，為了增加掌控酒精發酵的酵母菌，就要藉助氧氣的力量，在氧氣飽滿的狀態之下，酵母菌才有可能繁殖，另一方面，等氧氣耗盡之後，酵母菌才會將糖轉化成酒精和二氧化碳。一旦酵母菌的數量密度充足，開始進行酒精發酵時，發酵槽內會充滿因發酵所產生的碳酸氣體，因此比重較輕的氧氣就會被排出去，自然而然地預防葡萄酒氧化，可是一旦葡萄酒發酵完畢，停止產生二氧化碳之後，就要想辦法將葡萄酒與氧氣隔絕，依照過去的作法，發酵後的葡萄酒一定要滿滿地填入酒槽或木桶裡，並在完全沒有空氣的密閉環境下保存，若遇到如橡木桶這類氧氣滲入機率高的容器時，就必須增添二氧化硫將葡萄酒跟氧化及微生物隔絕；而現在如果發現不鏽鋼的葡萄酒儲存槽上方有縫隙的話，通常會填入像氮氣或氬氣這類非活性氣體來取代空氣。

在釀造白葡萄酒時，遇到氧氣時大部分可說是「離得越遠越好」，而在釀造紅葡萄酒的時候，則會採取較為正面主動的態度。在進行某些作業時，氧氣會趁機溶入葡萄酒中，像是在發酵當中利用人工採皮（pigeage）或循環（remontage）的方式，將那些被碳酸氣體推至酒槽上方的果皮和果梗壓回葡萄酒的時候，另外還有發酵過後的除渣，以及增添在木桶熟成過程中減少的酒量時。在這些過程中滲入葡萄酒內的氧氣，能夠聚合且安定紅葡萄酒的色素，讓酒的風味更加柔和，甚至能夠將酒香整個散發出來，同時還可以讓紅葡萄酒的色澤自然地更加清澈。

氧化

相對於此，氧化通常指的是，果汁或葡萄酒因過度暴露在氧氣下而造成的品質惡化，這和為了通風（aeration）而刻意提供氧氣的目的不同，因此不可視為一體。比方說，就像削好皮的蘋果變成褐色一樣，葡萄汁若過度地接觸到氧氣的話，裡頭所含的酚成分就會因產生酸化而變成咖啡色，甚至還會因此失去新鮮的香味，尤其是像以貴腐菌為代表的黴菌，若是附著在葡萄果上的話，由於這種菌裡頭所含的氧化酵素，會不小心促使酚成分的氧化，為了阻止這種酵素活動以預防過度的氧化，在榨汁的階段就必須加入適量的二氧化硫。

此外，在醋酸菌存在的環境之下，如果讓葡萄酒接觸到氧氣的話，酒精就會因氧化而轉化成乙醛（acetaldehyde），不幸的是，這個乙醛會毀滅掉葡萄酒的新鮮果香，讓酒的味道變得平淡無味甚至走味，日子一久，乙醛還會轉化成醋酸，讓整個葡萄酒變得就像是酒醋一樣。

打從收成之後果皮破裂、果汁從細縫中流出時，氧化就已經開始了，因此為了生產出高品質的葡萄酒，葡萄果在採收之後就必須盡快地搬運至酒莊裡，立刻採取一些必要的措施，如榨汁或是增添二氧化硫等步驟。而在搬運的時候也要特別注意，要將葡萄排放在深度較淺的容器裡，避免因上頭葡萄的重量而導致底部葡萄的毀損，像是在葡萄園和酒莊距離較遠的香檳區內，有些特別重視品質的champignon house，就直接在園內設置榨汁機，等葡萄採收之後便立刻榨汁或增添二氧化硫，以處理好的葡萄汁狀態運送至酒莊內進行下一步的處理。而在紐西蘭的Gisborne 儘管氣候寒冷，其大多數的夏多內葡萄酒依舊帶著略深的黃色，其原因就在於，利用機器採收的葡萄因為果皮遭受到損傷，在經過長達9個小時運送到位於奧克蘭（Auckland）的酒莊時，由於這段期間果汁中的酚成分已經氧化，結果就造成釀出的葡萄酒呈現出深黃色。

那些未經過長時間的熟成，品嚐起來充滿果香與果味的葡萄酒，在釀造的時候會竭盡所能讓葡萄酒與氧氣隔絕。不過像Oloroso雪莉酒、陳年波特酒（Tawny Port）或馬德拉酒（Madeira）的話，則是刻意利用氧化這個方式來凸顯這些酒的獨特風味。

Simi Chardonnay Reserve

進口商為La Languedocienne。2003年份的零售價格為5,400日圓左右

1980年代初期所出版的葡萄酒釀造教科書上這麼寫著，「在釀製白葡萄酒的時候，與氧氣接觸是百害而無一利」。不過，Simi Winery的Zelma Long卻抱持著不同意見，她認為「發酵前所進行的通風作業，雖然會導致夏多內果汁中的酚成分氧化，而讓果汁呈現褐色，不過這樣的化合物在酒精發酵之後，反而會被酵母的殘骸所吸收，因此並不會殘留在葡萄酒中。更何況氧化所產生的乙醛，還會經由發酵而轉化成酒精」。Simi的夏多內在發酵之前，因特別留意通風氧化所帶來的效果，因而推翻了「與氧氣接觸是百害而無一利」這個說法。藉由「控制微氧化（controlled oxygenation）」這個步驟，Zelma Long成功地奠定了除了果味之外，整個風味也變得更加豐富、口味獨特的白葡萄酒。

將位於北加州與索諾瑪地區俄羅斯河谷（Russian River Valley）的Goldfields Vineyard所種植的夏多內，利用全新的法國橡木桶發酵、熟成的，就是這瓶Simi Chardonnay Reserve。其2003年份的酒精高達14.1%，充滿礦物質的風味，說明了當地寒冷的氣候。

橡木屑與微氧化（Micro Oxygenation）

德國籍的釀酒顧問 Bob Klacier 曾說過，「即使是波爾多第一級的葡萄園，實際在釀酒的時候，也會同時並用橡木片和微氧化這兩種方式來進行」。

橡木屑

在法語中被稱為copeaux的橡木屑，主要用在以成本來看不適合用全新橡木桶、售價較為低廉的葡萄酒上。利用這個低成本的方法，就可以讓價位較低的葡萄酒，散發出如同用全新橡木桶熟成過橡木香。將在製造橡木酒桶時切割剩下的木屑或是邊材等橡木，從葡萄酒發酵的初期階段就浸泡在醪（must）裡，如此一來萃取出的橡木精華，就可以用來釀造葡萄酒，現在已經有選擇豐富的相關產品陸續研發中，除了法國橡木與美洲橡木，有的甚至還標示上Allier或Tronçais這些法國橡木林的名稱。不僅如此，廠商還會依照葡萄酒生產者的要求，來燻烤橡木屑，甚至在釀造葡萄酒時，還可以在葡萄酒裡增添一些如同全新橡木桶內側燻烤味過的香味，而現在市面上還出現了浸泡具有乳酸發酵功能乳酸菌的橡木屑。橡木屑生產者所掀起的革命不只是針對品質，甚至還擴大到使用上的便利性，現在將橡木屑浸泡在葡萄酒裡時，只要將木片放入像尺寸較大的紅茶袋裡，使其沈入發酵槽裡即可，每當我在喝價位較低的紅茶時，腦海中就會浮現出橡木屑的事，這讓人不禁開始擔心葡萄酒業界的將來。

利用全新的法國橡木桶來釀造夏多內時，平均每瓶葡萄酒中，橡木桶的成本費用會超過２６０日圓，但如果是用橡木屑的話，卻只要5日圓即可，過去那些用橡木屑釀造的葡萄酒由於散發出的橡木味過濃，掩蓋了葡萄酒原有的芳香，因此從酒的味道就可以判斷出這瓶酒是否用橡木屑來釀造，不過由於現在橡木屑的製造方式一直在改良，同時使用方法的研究也一直在進步，因此要判斷葡萄酒中的橡木味是來自新的橡木桶還是橡木屑，也就越來越困難了。德國蓋任海姆（Geisenheim）大學的研究團隊認為，「利用最高品質的橡木屑釀製而成的葡萄酒，與利用橡木桶釀製而成的同一品種葡萄酒之間，根本找不出任何足以辨識其間差異的線索」。在這個研究結果背景之下，橡木屑的銷售者們現在更是斷定「橡木的（化學上）品質最重要，不過橡木其物理上的形狀，則不會對葡萄酒的品質帶來影響」，不然就是「只要以相同橡木材為原料，不管是橡木桶還是橡木屑，其影響葡萄酒的功效是不變的」。橡木桶中間商Mel Knox就曾針對這些橡木屑銷售者的狂妄態度，諷刺他們「要是天然軟木塞的業務員跳槽到橡木屑公司的話，說不定他們會說：『那些葡萄酒的生產者們啊，為了守護森林裡的鳥兒們，所以請你們不要再購買橡木桶了』」。通氣孔較多的法國橡木由於防水性不佳，因此在劈成木片的時候，必須沿著木紋並釘上楔子才行，也因此再將法國橡木劈成木片的時候會剩下許多廢材，5立方公尺的心材最多只能裁取出不過1立方公尺的橡木桶木片。相對於此，如果是橡木屑的話，5立方公尺的心材就能夠得到整整5立方公尺的量。

一般來說，橡木屑在日本市場上的門市價雖然不到1500日圓，但若要是明顯地從葡萄酒中聞到一股橡木味的話，斷定這瓶酒是用橡木屑來釀造應該是不會有誤。為了降低成本而捨棄新的橡木桶，想要以其他方式來增添新鮮橡木材香味的話，可以利用中古橡木桶，將內側的木面削下一層以回收利用，或者利用一種稱為inner staves，也就是將橡木材以嵌入發酵槽或中古橡木桶裡的方式來取代。經由OIV（國際葡萄與葡萄酒組織。International Organization of Vine and Wine）的勸告，包含法國在內的歐洲葡萄酒生產國，雖然接受生產者利用橡木屑或其他類似的釀造輔助材料來釀酒，不過一想到有些生產者利用一種稱為「boisée」的橡木精萃取液，以人為方式增添橡木香味為目的，並且長年以來公然地混入法國干邑白蘭地裡時，從這件事來看，不免覺得這項決策可能來得太遲。

微氧化

在橡木屑出現以前，只要在品酒時嚐到那股全新橡木桶的芳香，我就會反射性地判定那瓶葡萄酒為「高價品」，大多數利用全新的橡木桶來進行葡萄酒熟成的生產者，其目的並非是為了讓橡木味溶入葡萄酒中，主要是想利用新橡木桶提供給葡萄酒的微量氧氣來安定酒的顏色，同時讓酒的口感更加柔和，因此才會使用新的橡木桶。而品嚐葡萄酒時，依照順序在將酒含入口中前時，必須先感覺一下酒的香味，因此「新橡木桶的香味＝高價品」的這個觀念便烙印在腦海裡。然而才剛開始享受新橡木桶的芳香，就整個人放下心來，竟忘了確認葡萄酒在味蕾上的口感是否夠柔和，這讓把酒含在口中以確認「是否用新的橡木桶釀造而成」的能力完全退化了。

橡木屑在新世界的廣泛使用，始於１９９０年代前半期，即使是靠我那已經退化的品酒能力，也能夠輕易地判斷「這瓶酒是不是用橡木屑釀造而成的」，因為那時我還不習慣橡木味反常強烈的葡萄酒，所以不須把酒含在口中，就可以判斷出來，然而現在如果生產者小心地注意細節，並且使用品質最尖端的橡木屑的話，至少我沒有能力去判斷出來；１９９０年代末期以後，讓那些用橡木屑釀成的葡萄酒品質如戲劇般地提升的，就是微氧化這項作業。

１９９０年在Patrick Ducournau在馬第宏（Madiran）地區開始實驗的微氧化（ＭＯ）〔法語：Micro-Bullage〕為一種嶄新的釀造技術，經由有計畫地在葡萄酒裡摻入極微量的氧氣，藉以改善葡萄酒的香味和口感，安定色澤並預防那些令人不悅的還原臭產生。在發酵初期從氧氣罐透過真空管將氧氣送入葡萄酒裡，這不僅能夠促使酵母繁殖同時含能夠穩定發酵，促使發酵後的葡萄酒色澤清澈，讓單寧和花色素產生聚合作用以安定酒的顏色，同時還能讓口感變得柔和，除此之外，還能夠抑止像硫化氫或硫醇（mercaptan）等那些會影響酒香的還原臭發生。據說Ducournau當初的目的，是為了要緩和馬第宏地區利用塔那葡萄釀造而成的紅葡萄酒中，含量過多、語源恰巧也來自此種葡萄的單寧成分。不過延循慣例會在完成木桶熟成葡萄酒的翌春，邀請報章媒體與流通業者前來試飲並評價釀造成果的波爾多，其大多數的葡萄園都會採用這種ＭＯ釀造步驟，讓那些年份新、單寧味較重的葡萄酒品嚐起來略微美味。

為了除渣而將尚在木桶進行熟成的葡萄酒，從原有的木桶移至另一個木桶的這個作業，其實還有一個目的，那就是讓葡萄酒接觸空氣以預防還原臭的發生，不過這種除渣作業所需的勞動量較大，會大大地增加人事費用。相較之下，ＭＯ只要將簡單的設備安裝在木桶上就可以得到相同效果，不僅如此，由於葡萄酒可以長期性地與殘渣接觸，來自酵母的風味就會溶入酒中，讓釀成的葡萄酒味道更加香醇。此外，在進行傳統的除渣作業時，只能仰賴負責釀造者的經驗，以決定除渣的次數與讓葡萄酒接觸空氣的時間，相較之下，ＭＯ這種方式卻是利用化學分析來決定提供氧氣的數量與次數。一般來說，在乳酸發酵過後的４～８個月這段期間，平均每個月必須提供每公升的紅葡萄酒０．75～３cc的氧氣。

受到消費者的喜愛、散發出一股橡木香的夏多內葡萄酒，如果價位走低消費的話，在釀造的時候通常會在不鏽鋼發酵槽裡放入橡木屑，以取代利用橡木桶來進行發酵或熟成的釀造方式，藉此降低生產成本，而這種方式在全世界已經相當普遍。在傳統的夏多內木桶發酵、木桶熟成作業中，橡木的風味會因從木桶的注口進入桶內的氧氣而溶入葡萄酒內，但未進行提供氧氣的不鏽鋼槽，若搭配上橡木屑來使用的話，會使得酒中的橡木味過於濃烈，因此近年來已經在不鏽鋼槽內加裝氧氣供給器，讓連同橡木屑一起浸漬的葡萄酒進行ＭＯ。由此我們可以說，橡木屑若沒有搭配ＭＯ進行發酵的話，可能就不會像現在一樣廣受支持，而ＭＯ若缺少橡木屑的話，使用的範圍可能就只會侷限在紅葡萄酒上了。

本文開頭提到的Bob Klacier為Vinovation Worms這家世界上規模最大的釀造顧問公司之相關人員，他提到「連同橡木屑與ＭＯ一起使用的這種釀造方式，並非只是單純地取代橡木桶，這也是一種聚合單寧，讓葡萄酒的風味變得更加深邃、豐富的全新層次釀造技術」，同時還明確地指出這項技術已為波爾多數家第一級葡萄園內所採用。如果這是事實的話，那橡木屑可能就會由濫造模仿散發出橡木桶風味的葡萄酒（imitation wine）時所應用的旁門左道釀造技術，漸漸轉變成釀造某些特殊口味葡萄酒時不可或缺的最尖端技術。

降低葡萄酒等級與葡萄酒等級下降

重視葡萄酒品質的生產者，並不會將品質低劣的葡萄酒產品與自家品牌的葡萄酒混合，而是以整桶（barrique）的方式轉售給中間商，不然就是當作副牌酒，有時甚至會放棄在葡萄酒分級制度中受到品質保證的產區統一稱謂，而以次級酒的方式來出貨。

降低葡萄酒等級

波爾多大多數的特級葡萄園，都會在採收後的隔年春天試飲木桶熟成中的葡萄酒，以便決定所嚐的那桶葡萄酒，是要冠上「Château Haut-Brion」這個生產者的名稱，或是標上「Bahans Haut-Brion」這副牌酒的名稱，更或者乾脆將整桶葡萄酒直接銷售給中間商。在波爾多大學的Emile Peynaud教授擔任顧問的等級葡萄園名單中，我曾經幸運地在園主的陪同下，協助教授與售主進行這項葡萄酒的採樣工作（barrel sampling）。當時我根本無法理解教授和售主其決定「grand vin（主要酒款）」和「second mark（副酒牌）」的基準為何，然而經過試飲和比較這些精選的葡萄園酒與副牌酒之後，我強烈地感覺到這其間的差異，在於葡萄酒的濃縮度，也就是以法國人常說的「gras」不同來決定的。

就如同波爾多的等級葡萄園所呈現的，在那些歷史悠久的葡萄園內，「哪座葡萄園的哪個區塊會生產出何種風味的葡萄酒」，這些資訊都為大家所熟知，故生產者會根據這些經驗依照特定的區塊來分別進行收成和釀造。因此像是排水性差的區塊，或是才剛進行移種因此園內樹齡尚短，其所釀出的葡萄酒容易風味不佳的區塊，這些地方所採收的葡萄從一開始就決定不會用來與葡萄園酒一起混釀。然而在加州那些能夠釀造出葡萄酒的葡萄園由於歷史尚淺，再加上擔任栽種與釀造的人員們流動率高，因此上述的區別方式還在探索當中。

葡萄酒等級次等

有別於波爾多頂級葡萄園利用生產者名稱來認定葡萄酒的方式，勃艮第至今依舊採取一般消費者層次的方式，以產區稱謂來當作葡萄酒的名稱，而此地所指的「降低葡萄酒等級」與波爾多地區的含意截然不同。Cascade System為１９７４年廢除的法國產區統一稱謂法上與葡萄採收量有關的規定，而所謂的cascade指的是如同階梯般層層重疊的瀑布。當時的法律規定，勃艮第的頂級葡萄園平均每公頃（ha）最多只能採收量30公石（hl），不過生產者通常不會理會這項生產量的限制，而極力追求最大的產能。假設頂級葡萄園的所有者每公頃生產出60公石的葡萄酒，其中的30公石會列入頂級葡萄園的採收量，第一級葡萄園與村名葡萄園的最大採收量為35公石，因此生產者會從頂級葡萄園剩下的30公石中挪出５公石，並以村名葡萄酒（或第一級葡萄酒）來出貨，接著再挪出15公石來釀造勃艮第葡萄酒（限制採收量為50公石），而剩下的10公石則是以餐酒的形式來銷售。

有關１９７４年份以後的葡萄酒，法律上這項Cascade System已經廢止，之後超過所規定採收量的葡萄部分，必須以蒸餾酒的形式才能夠上市，現在我還記得當我在１９８０年代訪問勃艮第的生產者時，他們說送我的葡萄酒「在標籤上雖然只寫著勃艮第，不過裡頭裝可是香貝丹（的次級品）喔！」，實際上那瓶葡萄酒和我在梅鐸所品嚐到的香貝丹味道完全沒有兩樣。

另一方面，隨著Cascade System的廢止，各個產區統一稱謂法的法定產量因政治因素而累增，不僅如此，超過法定產量的追加產量（PLC，Plafond Limite de Classement）除非當年欠收，否則最高可以增加到20％。像是1999這個生產年，勃艮第的追加產量就高達40％，如法定產量為35hl／ha的香貝丹（頂級葡萄園）的最高產量就爬升到49hl／ha。

Nuits Saint Georges Premier Cru Cuvée Jeunes Vignes du Clos des Forets St. Georges, Domaine l'Arlot

進口商為AmZ。1999年份的零售價為6,000日圓左右

與Domaine de l'Arlot並駕齊驅的Clos des Forets St. Georges，在這座Domaine l'Arlot個人獨有的Nuits Saint Georges一級葡萄園裡，混合種著樹齡高和輕這兩種葡萄樹。為了充分展示出對於品質的要求與執著，Domaine l'Arlot自1992這個生產年之後，便將味道不夠濃郁、樹齡較低的葡萄樹所釀成的葡萄酒等級，降為村名葡萄酒等級的「Nuits Saint Georges」。接著在1993年將這座葡萄園內所生產的葡萄其釀成的葡萄酒分為3類，在出貨時將樹齡較短的葡萄酒取名為「Nuits Saint Georges」，樹齡到15年的葡萄酒取名為「Nuits Saint Georges Premier Cru」，樹齡較高的葡萄酒取名為「Nuits Saint Georges clos des Forets St. Georges」。這3種葡萄酒依葡萄樹的樹齡誠實地展現出不同的香濃風味，這點讓人覺得頗有意思。所謂「Cuvée Jeunes Vignes du clos des Forets St. Georges」，指的是「利用clos des Forets St. Georges這座低樹齡的葡萄樹所釀製而成的葡萄酒」，並且標示在「Nuits Saint Georges」和「Nuits Saint Georges Premier Cru」的標籤上。照片中的葡萄酒為「Nuits Saint Georges Premier Cru」。

Domaine l'Arlot為AXA這家法國大規模保險公司所設立的酒莊，由於從這家公司得到相當豐潤的資金，成立於1987年的Domaine l'Arlot儘管資歷尚淺，卻不斷地培育出足以代表勃艮第的葡萄酒生產者。

基因改造葡萄

「在進行葡萄樹基因改造的時候，要比任何其他的步驟慎重，並同時確保透明作業才行，不過看見現在的消費者對於農產品基因改造的反應，有股複雜的想法衝上心頭。話雖這麼說，不過人們自基督出生一來，就開始以接枝的方式來進行物理的基因改造了」

Michael Mondavi

葡萄樹

將不同有機體（生物）的基因植入葡萄樹內，以用來提升葡萄樹對於防治黴菌、病蟲害的抗體或是改善果實成熟狀況，而並非用來改變葡萄或葡萄酒風味的基因改造技術，現在在世界各地中均在研究當中。例如將總部設在澳洲的CSIRO＊1這個研究團體自1990年後半開始，便著手研究控制抗氧化物質多酚（polyphenol）以預防葡萄乾或葡萄酒的變色反應，這些研究雖然已經有成果，但卻尚未實用化。

葡萄樹的基因改造在德國或法國這些葡萄樹病蟲害問題相當嚴重的生產國當中，雖然已有相當卓越的研究，然而歐洲人對於經過基因改造的農作物卻極為排斥，如法國的葡萄酒生產團體「Terre et Vin」（代表者：Anne-Claude Leflaive）於2001年，便向產區統一稱謂法委員會要求「從今以後10年內，希望禁止所有的AC葡萄酒使用基因改造過的有機農作物（尤其是葡萄樹和酵母）」。香檳區的Moët & Chandon這家公司雖然實驗性地在葡萄園內種植經過基因改造，能夠抵抗「葡萄扇葉病（fanleaf）＊[2]」這種病毒的葡萄樹，不過以「這很可能會損壞公司名譽」為由，事後立刻將這些樹給拔起。

酵母

基因改造技術不僅能夠應用在葡萄樹的接穗和砧木上，其功能還可以擴大到掌控酒精發酵的酵母，進而研究發展出各種用途的酵母，例如不容易停止發酵的酵母、發酵中不須增加任何化學添加物的酵母，以及為了避免氣候炎熱的葡萄種植區其所釀製的葡萄酒果酸不足，可將糖轉化成乳酸的酵母等。

在操作基因的酵母實際例子中，最廣為人知的就是可以代謝蘋果酸的酵母。像在德國摩澤爾這種氣候寒冷的地區下種植的葡萄果裡，由於所含的蘋果酸過多，因此必須利用殘糖來中和果酸，或是利用添加碳酸鈣這種化學方式來進行脫酸，甚至利用能夠減緩蘋果酸，進而轉化成乳酸的乳酸發酵，來解決蘋果酸過多的問題。然而近年來含殘糖的葡萄酒，在市場上銷售量漸漸走下坡，此外，添加碳酸鈣這個方式，還會將蘋果酸以外的成分如葡萄汁的果香味給奪去。不僅如此，乳酸發酵還會把松烯（terpene）＊[3]或酯基（Ester）＊[4]這些葡萄酒的香味成分給減弱。在這裡如果運用基因工學，將啤酒釀

＊1 Commonwealth Scientific and Industrial Research Organization的簡稱。
＊2 會讓葡萄樹的枝葉變形的一種病菌。
＊3 白麝香和麗絲玲葡萄所含的一種如同花朵般的芳香成分。
＊4 在發酵或熟成的階段，因酸和酒精的反應而產生的一種散發出果香的化合物。

酵母／粟酒裂殖酵母（Schizosaccharomyces pombe）這種可將蘋果酸代謝成酒精（ethyl alcohol）的酵母基因植入葡萄酒酵母菌裡的話，便可降低蘋果酸（malo-ethanolic fermentation），即使是種植在寒冷氣候的葡萄，也能夠釀造出風味較烈且香味豐富的葡萄酒。

然而另一方面，這個新「創造出來的」基因改造酵母，彷彿失控般地傳播在世界各地，不過不可以忘記的是，酸度低到需要補酸的葡萄酒，如果添加這些酵母的話，很可能會不小心降低酒中的蘋果酸。

看見消費者、媒體和葡萄酒商對於現在這種基因改造酵母的反應，令人想起19世紀末那些為了對抗葡萄根瘤蚜的法國葡萄果農，當時情非得已將歐洲系列品種的葡萄樹木接在美國品種砧木上所遭遇到的煩惱。我自己雖然對於將基因改造這項技術應用在葡萄樹與酵母上這方面相當有興趣，不過，還是無法想像這樣的葡萄樹和酵母，在今後這20年內會完全實用化。之所以會這麼認為，那是因為儘管托這項技術的福，使得人們釀造出品質極為優良的葡萄酒，但我並不認為大部分的消費者會去購買那些的葡萄酒。正因為如此，與其毫無頭緒地反對基因改造這項技術，確保這項研究與實用的透明性才是最重要的課題。

經過時間考驗開花結果
發現的潛在美

第4章

熟成

兩種熟成方式

我對於那超過15年漫長熟成釀造、散發出豐富且屬於感官式芳香的葡萄酒愛不釋手，正因為如此，家裡收藏了超過2000瓶的葡萄酒，但令我覺得遺憾的是，實際經過熟成而達到這種高超境界的葡萄酒卻不到一成。

兩種熟成方式

當葡萄酒專家提及「這瓶葡萄酒還要20年才會熟成」時，並非指葡萄酒的品嚐期限在「從今天開始的20年間內品嚐的話不會損其美味」，這句話真正的含意是「這瓶酒在經過20年的這段期間品質會漸漸提升」，因熟成而使得品質提升，簡單地來說，可以將其本質的變化分為兩種，其中一種是「去除葡萄酒剛發酵完成的澀味，讓葡萄酒喝起來更加順口」，這種幾乎所有的葡萄酒都會發生的初期變化，而另一種就是「在發酵完成階段感覺不到的風味，但經過長期熟成使得這種隱藏的風味漸漸現出輪廓，最後終於成為葡萄酒獨有風味」，這後者正是我一直在追求的。

能夠達成這種在本質上產生變化的葡萄酒，用文字來形容的話，「就像是略微煙燻過」或「像是焦油般」，香味非常豐富多變，葡萄酒生產者自古以來就想盡各種方式，企圖以人為的方式來增添這種獨特的風味。為人所知的就是在2世紀左右，希臘人利用加熱與煙燻這種人為的方式，來讓葡萄酒增添一股熟成的風味，而現代人則是利用內側以火烤焦的橡木桶，來讓促使葡萄酒熟成，或是摻入極少量被腐壞酵母污染的葡萄酒，來讓釀造中的葡萄酒味道更加香醇濃郁。

被熟成控制的葡萄酒

不管是哪一種葡萄酒，因熟成所產生的本質變化可說是其共通點，僅有部分數種特選的葡萄酒在經過熟成之後，風味會越來越接近。例如挑出2000年生產的 Château Cheval Blanc（波爾多）、Aldo Conterno的巴羅洛（義大利）與Caymus的卡本內蘇維翁（加州），這三種葡萄酒來進行矇眼測試的話，由於葡萄品種、釀造方式和葡萄園自然環境因素的這些因素會真實地呈現在葡萄酒中，只要是熟練的品酒師，應該可以輕易地判斷出產地所在。但如果是這三種同為1975年份生產，時間上相當熟成的葡萄酒的話，在矇眼測試中想必許多品酒專家一定會答錯產地，其因就在於瓶裝熟成。由此可知，「熟成之後釀成的風味」會蓋過那些來自於葡萄品種、釀造方式與土壤風味的獨特口味。

經由這些例子讓人感到更有興趣的是，如果品嚐比較熟成超過40年的馬德拉酒、Oloroso雪莉酒以及相同年份的陳年波特酒的話，會發現這三者都呈現出極為類似的琥珀色，而且都有股淡淡煙燻香，同時還散發出一股核果般的風味。因此，如果要以矇眼測試來區別這三種酒的話是難若登天。不過在剛發酵完不久的階段，馬德拉和雪莉酒都是屬於透明的白葡萄酒，而波特酒卻是屬於鮮紅色的紅葡萄酒。

「去除葡萄酒剛發酵完成的澀味，讓葡萄酒喝起來更加順口」，這種經過熟成的初期變化不管是那一種葡萄酒，都是可以期待的結果。另一方面，「在發酵完成階段感覺不到的風味，但經過長期熟成使得這種隱藏的風味漸漸現出輪廓，最後終於成為葡萄酒獨有風味」，這種特別屬於感官上的變化，必須要品嚐熟成後的葡萄酒才能夠體會的。像這種散發出淡淡煙燻味、熟成之後風味更加豐富的口感，應該是從葡萄中萃取出香味成分的前驅物質，也就是配糖體在裝瓶熟成中因加水分解產生而成的。然而令人不解的是，為何就只有某一特定的生產者，其所釀造的某特定年份的葡萄酒，才會出現這種特殊的口味，而大多數的葡萄酒在這種獨特風味產生之前，不是整體味道的均衡遭到破壞，就是無法釀造熟成出這種風味，待日子一久就完全走味。葡萄酒評論家Robert M. Parker對於這種具有「熟成可能性」的葡萄酒，其評分比例只佔總分的5分之1，但我個人倒認為葡萄酒裡是否含有這種經由熟成，而且無法言喻的豐富風味，這一點卻比其他部分還來得重要。

Château Haut-Brion Rouge 1983

1983年份的零售價為3萬日圓左右

據說Robert M. Parker長期以來對於Haut-Brion的評價一直都過低，他對於其毗鄰的Château La Mission Haut-Brion和拉圖堡其風味香醇的葡萄酒均給予極高的評價，然而對於像Château Haut-Brion這種口味較細膩的葡萄酒卻一直慘遭批判。Parker對於1983年份的HautBrion評價為87分，這在其他第一級葡萄園或 Château La Mission Haut-Brion中評價是最差的（Margaux 96分，Lafite 93分，Mouton 90分，La Mission 89分，拉圖堡87分）。然而現在這瓶酒卻漂亮地蛻變成品質極佳、口味豐富、散發出一種屬官能性的熟成酒香。最近有幸得以比較品嚐上述6種葡萄酒，不過我個人認為Haut-Brion的品質比其他5種葡萄酒來得卓越。可能是受到Parker評價過低的影響，Haut-Brion的價位一直以來都是最低。品嚐時記得先把酒倒入醒酒器（decanter），在14℃的低溫下接觸空氣約1個小時之後再品嚐。

香檳的成熟時間

翻開生產者的簡介，裡頭一定會寫著「品嚐香檳的最佳時機就是剛出貨的時候，因此請儘早飲用」，不過在倫敦，出貨之後再經過長期熟成的瓶裝香檳酒也在市面上流通。

出貨前的熟成（Sur Lie，泡渣法）

香檳的釀造，是從葡萄汁在酒槽或橡木桶裡發酵之後，先釀造成非發泡性、味道較烈的白葡萄酒開始的，要讓香檳產生氣泡的話，必須在白葡萄酒裡添加蔗糖、培養酵母、酵母的營養物質與膨潤土（bentonite，用來當作澄清劑，為黏土的一種），裝瓶之後在瓶內進行第二次的酒精發酵即可；而酒精濃度每上升1．5%，二氧化碳的氣壓指數也會同時到達6。

釀造香檳過程中最重要的熟成作業，就從第二次發酵結束後開始，當酵母的死骸沈澱在瓶底，使葡萄酒漸漸變得清澈的同時，經過數個月之後酵母就會開始自我消化（酵素分解），如此一來葡萄酒就會散發出一股香甜，尤其是當氨基酸和氮化合物增加的時候，會讓葡萄酒釋放出一股如同金合歡般的花香，而因酵母自我消化而產生的縮醛（acetal），也會讓香檳葡萄酒散發出一股獨特的餅乾或白蘭地香。這個自我消化在經過5～10年之後，那酵母獨有的特殊風味會溶入葡萄酒中，消化的時間越長，就越能夠釀出口味豐富的上等香檳葡萄酒，可惜的是，除了部分例外的香檳酒，其他最高等級的年份香檳酒在從二次發酵之後到除渣（degorgement）的這段熟成期間，頂多只有3年左右。

在資金調度成本上升、高利息政策下的法國，還沒出貨就要先經過長達10年熟成的話，從經營的層面上來看可能不敷成本，倘若如此，那就算出現將未除渣的香檳葡萄酒以商品來出售，讓店家和消費者來等待裝瓶熟成的生產者也就不足為奇了。像我自己本身就固定地向認識的生產者購買這種葡萄酒，即使在倒酒的時候，要特別留意酒中的殘渣，但一想到熟成之後的美味，這種小事也就不算是什麼大問題了。

出貨後的熟成

氣壓指數到達６、充滿高壓碳酸氣體的整瓶香檳酒，除非把裡頭的碳酸氣全部放出，否則氧氣是不會從外頭進入酒內的，因此香檳酒可說是最高境界的非氧化熟成。實際上，如同從波羅的海打撈而起的沈船中所發現的５００瓶Heidsieck monopol gute american1907一般，香檳出貨之後即使經過90年，只要酒裡頭還含有氣泡，品嚐起來依舊令人難以忘懷。一般來說在開瓶之前，未經除渣並且熟成10年以上的香檳葡萄酒其風味依舊新鮮，而且散發出一股剛出爐麵包的香味；相對的，除渣之後再熟成10年以上的香檳葡萄酒，則會釀造出一股如同核果或海草般的獨特風味，因此喜愛後者風味的消費者，會刻意將這種葡萄酒儲藏在自家酒窖裡熟成。

一般認為「除渣後的香檳葡萄酒品質只會變差，熟成之後品質也不會整個提升」，但我個人卻不這麼認為，由於大部分的香檳都是不標示年份的Non Vintage（ＮＶ），因此一般的消費者無法從酒瓶上得知這是何時生產的香檳葡萄酒，可是出廠之後，一旦市面上出現刻意經過熟成的ＮＶ香檳葡萄酒的話，這會與剛出廠的香檳葡萄酒之間產生bottle variation（每瓶葡萄酒的個別差異），香檳葡萄酒業者之所以會說：「剛出廠的時候為最佳品嚐時刻」，我推測這可能是為了避免這種情況發生。香檳葡萄酒理應「在最佳品嚐時期」才可出貨，但現在實際上卻是只要「可以上市」或「接到訂單之後」就出貨，現實中在2001年左右的日本葡萄酒市場裡，因預期千禧年的到來香檳需求量會增加，而造成1999年生產過剩的香檳葡萄酒滯銷，這些酒與2001年進口的香檳之間，處處可見明顯地個別差異。

雖然部分葡萄酒業者可以利用コーデイジ或隨機數表（亂數表）這類特殊道具來調查店家銷售葡萄酒的出貨日期，不過對於那些沒有標記生產年，大肆宣傳著「出貨時即為最佳品嚐時刻」的香檳業者，至少應該要告知消費者其出貨日期才是。

Jacques Selosse Origine

（參考品）

所謂「Enfants-Terribles」（可怕的孩子），是法國那些傳統的葡萄酒生產者鄙視那些突然崛起的年輕革新派生產者時所用的代稱，如普宜富美（Pouilly Fum　）的Didier Dagueneau與Saint-Émilion的Jean-Luc Thunevin為代表性的例子，在香檳區則有Anselme Selosse。

Selosse為Recoltant-Manipulant這座限用自家葡萄園種植的葡萄來釀造葡萄酒的生產者，在Avize和Cramant這兩座葡萄園所在之處的村子裡，種植了7公頃的夏多內葡萄，平均數齡達50年。曾經在勃艮第研習葡萄酒釀造的Selosse，在1980年繼承家業之後開始生產香檳，不過他仿效勃艮第的作法，利用容量為228公升法國橡木桶來進行第一次發酵，這其中包括了全新的橡木桶，發酵完成之後，緊接著讓葡萄酒經過6個月的木桶熟成，因此釀好的香檳會散發出一股橡木的芳香，以及因木桶熟成所帶來的氧化風味，這看在傳統香檳生產者的眼中，卻被批評說：「這根本不是香檳」，不過這種香檳在美國媒體之間卻廣受好評，並譽此為「Sparkling Corton-Charlemagne（寇東・查理曼的氣泡酒）」。

Selosse同時也是少數將進行除渣的年月日標示在標籤內側的香檳生產者之一。一般來說，香檳葡萄酒在除渣（degorgement）之後，會加入一種名為dosage*[1]的成分，據說這種成分至少要經過3個月才會溶入葡萄酒裡，不僅如此，若沒有經過2年以上的熟成的話，是無法釀造出那如同餅乾香的特殊風味。依我個人的習慣，香檳買了之後若沒有靜置在酒窖裡超過1年的話，通常是不會打開來享用的。

＊1 依情況需要填補添加了糖分的葡萄酒，以補充因除渣而減少的量。

熟成的潛能（potential）

葡萄酒和其他消費財最不同的地方，可能就是其中一部分的葡萄酒即使出廠日數已久，品質反而會因此而提升，讓交易價格更加走俏。

品嚐的最佳時間

與其挑選剛上市、口感較硬的卡蒙貝爾起司，我自己比較偏好一刀切下裡頭的起司就會流出的完全熟成卡蒙貝爾起司，可惜的是，若不太習慣吃天然起司的話，可能有不少人會受不了這種完全熟成起司所散發出來的那股刺激風味。令人感到有趣的是，若試著將手工製作、最高品質的卡蒙貝爾起司與工廠生產的相同起司，分別經過熟成並在風味最佳時刻品嚐比較的話，會發現雖然同樣都是卡蒙貝爾起司，但兩者之間的風味可說是天壤之別；相對的，如果比較這兩種起司剛出廠的風味時，會發現之間的品質幾乎沒有什麼差異。

葡萄酒也是一樣，尤其是需要經過長期裝瓶熟成後，風味才會變得更加香醇的紅葡萄酒，如果才剛出貨就馬上開瓶品嚐的話，可能會似有若無地感覺到酒的美妙，但卻無法真正地被葡萄酒原有的精華所感動。近年來雖然會看見有些消費者，感動地與眾多人一同分享Harlan Estate２００２年與Château Latour（拉圖堡）２００３年這些被譽為「Parker給予滿分的葡萄酒」，不過我個人認為這些葡萄酒要到達「滿分１００分」恐怕還要再等20年，現在這個時間點品嚐，應該只有70～80分。如果是同一時間點的話，每位生產者所釀造的副牌酒比較不會苦澀，品嚐起來反而比較美味，而且價位方面像Maiden或Les Forts de Latour也不到其特級葡萄酒的5分之1。

熟成的潛能

究竟是什麼樣的葡萄酒在經過10年這漫長的裝瓶熟成之後，會散發出令人驚艷的芳香，這在科學上雖然無法完全證明，不過我們根據經驗，卻能夠分辨出那些葡萄酒會因熟成而產生另一種截然不同的風味。以紅葡萄酒為例，如果酒中含有大量的單寧或花色素這類屬抗氧化物質——酚成分的話，就可歸此類，因此像含有豐富此類物質的卡本內蘇維翁、內比奧羅和希哈，在這些品種的葡萄完全成熟之後所釀造的葡萄酒裡頭，其長期裝瓶熟成的潛能就極高。然而這些葡萄在收成期間若不巧下起雨，或是從每棵葡萄樹上所採收的葡萄串數（採收量）因為過多，而使得果汁味道變淡的話，可能就會失去熟成的潛能。此外，如果忽略葡萄果熟成的潛能，而將目標放在提取酚成分，過度地進行浸皮（maceration，將果皮浸漬在果汁裡以萃取出果皮中的成分）作業的話，即使經過長期的裝瓶熟成，葡萄酒的風味依舊苦澀，這只會錯失最佳的品嚐時機，讓濃郁的果香味整個盡失。

1900年或1929年份的梅鐸頂級葡萄園所釀的葡萄酒，到現在品嚐起來依舊美味不已，不過除了因為當時尚未使用化學農藥，所以採收量只有現在的3分之1左右這項因素之外，另一種因素據推測應是在尚未充分了解pH（酸度）與SO_2（二氧化硫）這兩者化學關係的當時，因過度使用用以預防氧化與充當防腐劑的SO_2所影響的。在釀造學技術突飛猛進的現在，SO_2的使用可說是非常地小心，而且各國法律在用量方面也都規定了上限，如果pH值越低（酸度越高）的話，SO_2的抗氧化或抗菌（bacteria）性也就會激增，由此可看出pH值越低的葡萄酒其熟成的能力也就越高。

熟成的潛能除了二氧化硫的酸度之外，其他重要的指標還有高濃度的酒精、豐富的果酸以及大量的殘糖等因素。

一般的消費者之間都誤以為「所有的葡萄酒都一樣，可以經過長期的裝瓶熟成」，其實粗略地估計，經過1年以上的熟成而使得葡萄酒品質提升的，其實只不過佔全體的5%左右罷了。

Schloss Johannisberger Trockenbeerenauslese 1976

1976年份的葡萄酒在世界上的拍賣價格為15萬日圓左右

一般認為白葡萄酒不像紅葡萄酒那樣耐的住長期的裝瓶熟成，不過在所有的葡萄酒當中，最能夠承受長期熟成考驗的，說不定只有一部分的白葡萄酒而已。

依照經驗判斷，利用經過貴腐化的葡萄釀成的葡萄酒，其熟成的潛能比其他葡萄釀成的酒來得高。而實際試飲比較1976年萊茵高的TBA（Trockenbeerenauslese）以及同一生產者釀造的Eiswein，會發現這兩種酒的殘糖度都非常類似，而且酒精均為6%這個低濃度，儘管如此，Eiswein其實是已經過了熟成最佳時機的葡萄酒，而利用貴腐葡萄釀成的TBA的口味依舊非常新鮮。

Schloss Johannisberg為代表德國高級甜味麗絲玲葡萄酒的生產者之一，從1980年代到1990年代前半為止所生產的葡萄酒品質雖然相當差，但在1996年這個生產年開始，卻在釀造出一系列相當醒目的葡萄酒之後，成功地讓整個產業復活起來。Schloss Johannisberg早在比波爾多的第一級葡萄園還要早169年的1755年，就已經開始實行將自家生產的所有葡萄酒自行裝瓶這項「葡萄園的一貫作業」了，不過由於當時尚未考量到酒瓶上的標籤，只好用酒瓶上的封蠟顏色來將葡萄酒的品質等級分類。當時的等級只分成3種，到了1971年因實行葡萄酒新分級制度，所以將上等葡萄酒分成7個等級，配合這項制度，之後便利用封鉛的顏色來區分等級。

QbA：黃色
Kabinett：紅色
Spatlese：綠色
Auslese：粉紅色
Beerenauslese：粉紅・金色
Trockenbeerenauslese：金色
Eiswein：藍色

換軟木塞（recork）

前幾天，我在東京都內的葡萄酒店買了一瓶Château Mouton Rothschild１９８７，在將軟木塞從酒瓶中拔起時，卻發現旁邊印著一排字"REBOUCHÉ AU CHÂTEAU EN 2003"（２００３年於葡萄園內更換軟木塞）。

換軟木塞

將熟成中的瓶裝葡萄酒上的舊軟木塞拉起換成新軟木塞，這個替換作業就叫做換軟木塞（recork）。一般來說，軟木塞的壽命通常為25到30年左右，如果葡萄酒預測經過長期瓶裝熟成之後風味會更佳的話，通常會在熟成的中途換上新的軟木塞，如此一來即使葡萄酒熟成時間超過軟木塞的壽命，也可以長期保存。會進行換軟木塞的，通常都是那些釀造高品質葡萄酒的酒莊或是專門銷售這類葡萄酒的銷售業者，不過有些不肖業者會趁換軟木塞的時候，在酒中摻入品質粗劣的葡萄酒，因而在市面上有假酒流通，因此一般來說，換過軟木塞的瓶裝葡萄酒通常市場價值也會下跌。

換軟木塞的方法依產地不同而差異甚大，不過像在波爾多的葡萄園內，葡萄酒自採收之後若經過25～30年的話，就會把保管在儲藏庫的瓶裝葡萄酒上的軟木塞換新，以避免葡萄酒從失去彈性、縮得又小又硬的軟木塞與瓶頸口中滲出，或是避免空氣跑入酒瓶內讓葡萄酒發生氧化。此外，這種經過長期熟成的瓶裝葡萄酒，通常會因蒸發或漏出而使得酒的量變得有些少，因此當葡萄酒立起的時候，為了填滿葡萄酒液面與軟木塞之間的空間（headspace），因此必須要補酒或是將彈珠放入酒瓶內，讓氧氣沒有機會接觸到葡萄酒。

換軟木塞的方法

需要更換軟木塞的葡萄酒約在一週之前就必須要先將酒瓶立起，卸下酒瓶上的封鉛之後，利用沾過酒精的布，將瓶頸口與軟木塞完全擦拭乾淨以保持清潔，接著先靜靜地將補充用的葡萄酒瓶上的軟木塞拉起，用氮氣等氣體填滿瓶頸部分的空氣之後，不須傾斜酒瓶，直接用玻璃吸管取少量葡萄酒到玻璃杯內先嚐一下酒的味道。確認酒裡頭沒有軟木塞或是硫化氫等奇怪的氣味或味道的話，接著拿出需要更換軟木塞的葡萄酒，依相同方式將瓶上的軟木塞拉起之後，同樣地先確認酒的味道有沒有變質。利用氮氣將酒瓶上的空間填滿之後，再用玻璃吸管將補充用的葡萄酒倒入瓶中，填足流失的酒量，之後再塞入新的軟木塞。在更換軟木塞的時候，最重要的就是按照順序一瓶一瓶地來處理，而不是一口氣將所有葡萄酒上的軟木塞拉起，這樣才能夠避免葡萄酒長時間暴露在空氣之下。

一瓶葡萄酒從採收算起如果放置超過20年的話，在補酒之前通常會先用針筒注入10ｐｐｍ左右的SO_2（二氧化硫）。如此一來，葡萄酒不但可以恢復原來的風味，就連那顏色變得深沈的紅葡萄酒，也可起死回生變成鮮豔的酒紅色。不僅如此，由於SO_2所產生的抗氧化和抗微生物作用，還能更進一步延長葡萄酒裝瓶熟成的時間。

補充用的葡萄酒

在酒莊裡如果要為自家庫存的葡萄酒更換軟木塞的話，通常會利用同一種葡萄酒來補酒，如此一來便可一口氣替換數量龐大、同一年份的葡萄酒軟木塞，不過如果是要替消費者帶來的葡萄酒替換軟木塞的話，那就不一定會比照酒莊的做法了。這個時候，酒莊必須報廢消費者所帶來的其中一瓶葡萄酒，來替其他瓶裝葡萄酒更換軟木塞，不然就是填補上其他口味類似的葡萄酒。

勃艮第長期以來在補酒的時候，都是利用年份較短的葡萄酒，雖然生產者誇口說：「藉由添加年份較短的葡萄酒，可讓年份較長的葡萄酒恢復原有的新鮮」，然而實際上，我曾經利用矇眼測試來品嚐、比較更換軟木塞的葡萄酒，以及其他未更換軟木塞的葡萄酒，就發現其實這兩者是不同的酒。

近年來，在日本經常看到年份悠久已經更換軟木塞或填補的葡萄老酒，不過日本的消費者卻誤以為那些是因熟成而使得分量變少的酒品質惡化所造成的，因而好像會刻意避開購買這類的葡萄酒。不過依我個人來看，即使是超過20年長期熟成的瓶裝葡萄老酒，如果一直維持著高液面，這不僅讓人感覺有點異常，明明是應該馬上品嚐的１９８７年份Mouton但卻更換軟木塞，這其中也大有文章。

Château Lafite Rothschild

2002年份的零售價格為2萬日圓左右

Château Lafite Rothschild為最熱衷於更換軟木塞的生產者之一，服務範圍還包括了一般消費者所收藏的那些年份久遠的瓶裝葡萄酒，因此每3年就會派遣酒窖總管（cellar master）前往英國或美國。Lafite的技術人員在更換軟木塞時，雖然會發行一張證明書以避免進行作業的那瓶葡萄酒的身價因更換軟木塞而跌落太多，但可惜的是，除非是在葡萄園內進行，否則那些在外地出差更換軟木塞時，用來填補液面的葡萄酒通常都是口味類似、近年生產的葡萄酒，因而失去了保證原汁原味的信賴性。

為了避免假酒流通市面，如果持有的是1944年以前生產的瓶裝葡萄酒，Lafite通常不會替這些消費者更換軟木塞，但如果是 1945年以後生產的瓶裝葡萄酒的話，Lafite會將上頭髒掉的標籤換掉，或是準備重新烙印上年份標籤的新木箱（需收費）。也就是說，1995年自 Lafite公告不再替1944年以前生產的瓶裝葡萄酒更換軟木塞之後，這些年份久遠的Château Lafite Rothschild的市價，更因買賣投機家的拋售而慘遭暴跌。

葡萄酒瓶塞

在所有的消費財當中，必須使用專門的特殊工具才能夠打開那項消費財的，說不定就只有葡萄酒了。

軟木塞

玻璃瓶在17世紀便開始以商業為目的加以生產，葡萄酒因此得以用瓶裝的方式銷售，而從那時候開始葡萄酒的瓶塞就一直是天然材質的軟木塞。由於軟木塞的材質柔軟且密封性高，雖然長久以來利用它來做為葡萄酒的瓶塞，一直都具有獨佔性的地位，然而其中卻還有許多問題存在。例如在葡萄酒學校當中，一開始教的不是葡萄酒帶給人們的喜悅，而是軟木塞的拉法，身為一位葡萄酒侍酒師，我想不管是誰都曾有過不小心在客人面前把軟木塞拔斷的慘痛記憶。那些使用天然軟木塞的瓶裝葡萄酒，為了避免被Cork Moth這種喜愛軟木塞的蛾類幼蟲蛀食，雖然必須要加套上一層封鉛，但當要品嚐葡萄酒時，為了卸下這層封鉛卻變成開始需要小刀，而且這層封鉛也讓葡萄酒的生產成本增加了10～20日圓。

然而軟木塞最大的缺點，就在於品質不良的軟木塞會散發出一股如同發霉般的木塞味，據說在使用天然軟木塞的葡萄酒中，超過5％的酒會產生這股異味，這個問題讓葡萄酒生產者相當頭痛，更糟的是，幾乎所有的消費者都無法察覺酒中的木塞味是來自於軟木塞，不知「這瓶葡萄酒品質變差，是因為用了品質不佳的軟木塞」，而只單純地以為「這瓶葡萄酒很難喝」，自此之後便不再購買相同品牌的葡萄酒。一想到這一點，身為生產者絕不可忽視這個因軟木塞產生的異味而造成的問題。天然軟木塞的生產者團體們雖宣稱「在出貨的時候，軟木塞被ＴＣＡ（可能造成木塞味）污染的機率還不到２％」，但試問世界各地中有哪個產業容許不良率高達２％呢？英國的連鎖超市Tesco長久以來為這個束手無策的軟木塞異味問題而氣得跳腳，最後在１９９０年代末期，盛大地推行使用合成塞或旋轉瓶蓋（screw cap）的葡萄酒。而位於澳洲克雷兒谷（Clare Valley），最具代表性、優秀的麗絲玲葡萄酒生產者團體Jeffrey Grosset，它旗下的14家公司自２０００年以後，便決定採用旋轉瓶蓋來取代軟木塞。

替代瓶塞

現在用來做為天然軟木塞替代品的合成塞、旋轉瓶蓋和皇冠蓋都陸續開發中，而且已經進入了實用性階段，這類替代瓶塞不但不會產生木塞味，還可能大大地改變了現代葡萄酒的消費方式，例如旋轉瓶蓋和皇冠蓋不僅不須藉助葡萄酒開瓶器來開瓶，同時酒瓶還可以用站立的方式來保存。由於省去了檢查葡萄酒木塞味的這個步驟，因此開瓶之後也就不需host測試，而消費者在餐廳裡點葡萄酒時，也就不需戰戰兢兢。不僅如此，也不會像在拉天然軟木塞時不小心把瓶塞拉斷或是發現軟木塞發霉，就算是經過30年長期熟成的葡萄酒，也不需要更換軟木塞。消費者不僅能夠１００％直接品嚐到葡萄酒生產者想要呈現的風味，加上這類新開發的瓶塞因密閉性高，因此可以長久保持葡萄酒鮮度，甚至超過天然軟木塞的保存時間。尤其是像生產麗絲玲這類風味較細緻的葡萄酒生產者而言，後者是非常重要的條件。

然而，並非所有的葡萄酒都會如此地順遂，其中最大的難關還是消費者的懷舊心態。雖然消費者對於走低價位葡萄酒的接受度比較高，但對於那些使用合成塞或旋轉瓶蓋的高價葡萄酒卻遲遲無法接受，像是澳洲巴羅沙谷（Barossa Valley）的Yalumba酒莊在１９８０年代，雖然在其釀造的麗絲玲葡萄酒瓶上採用旋轉瓶蓋，然而葡萄酒商和消費者的排斥反應卻超乎他們的想像，使得大部分的葡萄酒慘遭退貨。

不僅如此，換成這些替代性瓶塞之後，葡萄酒是否能夠得到與天然軟木塞相同的裝瓶熟成效果，也同樣讓人議論紛紛。依我自己本身的經驗來看，使用替代瓶塞的葡萄酒其裝瓶熟成的速度，遠比一般軟木塞的葡萄酒來得緩慢，因此會延後長期熟成型葡萄酒的品嚐時機，而哥倫比亞酒莊的David A. Lake MW（Master of Wine的簡稱），甚至還公開表示「合成塞應該會從葡萄酒中吸收某一程度的香味成分吧」。１９９４年，義大利的西燕那大學（Università degli Studi di Siena）與比薩大學（L'Università di Pisa）提交給美國的葡萄酒學會ＡＳＥＶ的共同研究報告中指出，天然軟木塞並不如一般人想像中那樣缺乏活性，其實在裝瓶熟成當中，軟木塞會主動與葡萄酒產生反應並釋放出揮發性物質，讓葡萄酒能夠散發出一股「熟成的芳香」。

有關葡萄酒瓶塞的議題雖然紛紛擾擾，不過一旦考慮到那些替代用的主要瓶塞，都是利用無法被土壤分解吸收，而且會對自然環境造成負擔的化石燃料製作而成的，無庸置疑的，徹底管理天然軟木塞的品質與抑止木塞味的發生就成了最佳課題。

Plump Jack Cabernet Sauvignon Reserve

1999年份的零售價格約4萬日圓左右

曾經為木塞味所苦惱的加州那帕谷的Plump Jack，其1997年所釀造的Cabernet Sauvignon Reserve（生產量為300打），有一半數量用的是鋁製旋轉瓶蓋，其原因是想顧客可以與另外一半使用軟木塞的酒成組一起購買，讓購買的人在經過一定時間的瓶內熟成後，可以自行比較兩者的差異。

據說世界有95%的紅酒在生產、出貨之後的數個月內，就會被消費者購買走，如果天然軟木塞的製造商願意以少量、高品質的生產來方式，應該可以解決不少目前所面臨的問題。可惜的是，大量生產日常消費用的葡萄酒品牌，認為消費者對於天然軟木塞相當執著，使用軟木塞的葡萄酒給人一種高品質的印象，因此這個問題依舊無法越過難關。

葡萄酒買賣當中
需求與供給的光影

第5章

葡萄酒商業活動

政策影響

1995年6月，當法國總統席哈克（Jacques Chirac）宣布在南太平洋島礁Mururoa-Atoll再次進行核子試爆之後，全世界開始興起抵制法國產葡萄酒的拒買運動，而當年日本薄酒萊新酒的進口量掉落到最盛時期的5分之1而已。

參與障礙

不需舉出杯葛法國葡萄酒或美國發布禁酒令（1919—1933）這些例子，就能證明長久以來，政治意識一直對葡萄酒產業產生各種層面的影響，加州的葡萄酒產業曾因美國在政治、軍事上處於敵對狀態的波及，而遭到其他國家禁止進口（embargo），1991年為止南非所實行的種族隔離政策（Apartheid）實際上也封鎖了葡萄酒出口至國外的道路。雖然這種極端的情況現在已不常見，然而像高稅率的進口關稅這類實質的進口限制，以及針對進口葡萄酒時，必須提出龐大文件的義務這類無關關稅的障礙等因素，至今仍根深蒂固在許多國家中。

例如為了保護國內產業而對進口烈酒課以高關稅的智利，其所生產的葡萄酒長期以來在EU飽受關稅報復之苦，不願外匯流失的泰國對於葡萄酒竟課以進口成本之300%的關稅，在日本1瓶500日圓即可買到的加州葡萄酒，在曼谷竟以2000日圓的價位來銷售。在日本，國產品牌葡萄酒的混釀原料，也就是進口散裝葡萄酒（bulk wine）平均每公升課45日圓的關稅*1，不過主要的進口地卻是以每公升可享有24日圓優惠稅率的智利、阿根廷、保加利亞和羅馬尼亞這些國家為主，像是在2005年，這4個國家在日本的進口散裝葡萄酒中就佔了7成。法國雖身為世界最大的葡萄酒輸出國，不過該國對於進口葡萄酒的通關文件方面規定必須以法文書寫等，為了維護國內葡萄酒產業而處處設下非關稅障礙，與其他先進國相比，對於國內葡萄酒產業可說是採取相當保護的姿態。

此外這種政治上的參與障礙不僅出現在出口市場上，就連國內市場也可見其蹤影。在美國聯邦廢止禁酒令之際，美利堅合眾國幾乎將酒類生產和流通的相關權限移交給各個州政府，但由於每州所制定的葡萄酒相關政策各有所異，因此至今仍有的州政府不僅禁止販賣酒類，甚至還有不少州禁止人民直接從其他州的酒莊、批發店或零售店購買酒類。這種規定不僅讓效率不高的流通系統得以殘存，就連那些規模較小的酒莊也被摒除在流通之外。

對生產造成的影響

在加州、澳洲和智利這些新世界的國家裡，為了因應全世界對葡萄酒旺盛的需求量，整個1990年代均在擴大葡萄園的面積，但在生產量約佔全世界60%的EU，卻因葡萄酒生產過剩的問題，除了部分例外的葡萄園，幾乎完全禁止新葡萄園的開墾。EU政策的問題點，明顯地著重在不讓那些有能力釀造葡萄酒的葡萄園，只能以蒸餾酒的方式來處理那些生產過剩的葡萄，而是透過農政補助金來永續下去；另一方面，針對那些能夠生產出高附加價值葡萄酒的土地，也宣布適用禁止移植葡萄樹的原則。舉例來說，EU便曾在1993年命令數座位在梅鐸、有等級之分的葡萄園，將未經許

＊1　2000年4月1日以後的關稅協定(2204.29-040)

可而種植的葡萄樹給拔起。

１９８０年代以後，嚴重打擊到法國酒莊經營的，應該是因密特朗總統的社會黨政權所引進的高稅率繼承稅與富裕稅（財產稅的一種，對象為高額資產的擁有者）。自從繼承稅稅率提高至當時遺產時價的40％時，許多繼續家族經營的優秀生產者，為了支付繼承稅而不得不賣掉葡萄園和酒莊，而這樣的悲劇現在依舊持續著，陷於這種困境的酒莊裡頭，包含了法國葡萄酒中的珍寶，像伊甘堡（Château d'Yquem）、Château Cheval Blanc與Château Pichon-Longueville，因此這些酒莊就成了保險公司和跨行業聯合企業（conglomerate）的投資對象。

在１９９８年因面臨稅務上的困難而將Château Cos d'Estournel賣掉的Bruno Prats，就是因為厭惡法國這種過高的繼承稅，故而拋下出生長大的法國而歸化瑞士。

Château Pajzos Tokaji Essencia 1993

500ml，酒精濃度為7%，每公升的殘糖為565公克。1993年份的全球流通價格為5～7萬日圓左右

20世紀成立於東歐的共產主義政權，雖然其影響程度還不至於超過美國過去實施的禁酒令，而使得整個葡萄酒產業慘遭毀滅，不過由於他們的重心只著重在增加葡萄酒的產量，完全不將品質問題放在眼裡，因此即使是代表東歐的古典葡萄酒——匈牙利的托凱葡萄酒（Tokaji），卻也因此而變成名存實亡的葡萄酒了。

Château Pajzos這個酒莊為民主化之後的1991年，Château Clinet的Jean-Michael Arcaute在法國保險公司GAN的贊助之下所買收的酒莊，與Domaine Disznókö並列齊名，為托凱新浪潮下的葡萄園之一。只利用貴腐葡萄的第一道葡萄汁（free run juice）釀造，屬於稀少品的Essencia，酒精味非常的淡，並且散發出一股新鮮杏桃般的風味。

共產主義政權下的托凱葡萄酒，是利用老舊又不衛生的橡木桶使葡萄酒過度地熟成，因此酒中氧化的口感非常重，而為了使酒中成分安定，因此所有的葡萄酒都必須經過加熱處理，而現在的托凱葡萄酒從共產主義政權時那股「氧化、腐臭的風味」，蛻變成「新鮮如同粉筆畫般的風味」。

葡萄酒回收事件

葡萄酒基本上屬於多品種少量生產的產品，除了１９８５年的二甘醇（diethylene glycol）混入事件以外，並沒有發生其他嚴重到引起全世界騷動的回收事件。

異物混入

當我在擔任洋酒公司的行銷企劃時，所面臨最大的回收騷動就是酒中混入昆蟲的事件。１９８０年代末期，陸陸續續有幾位消費者透過當時我所服務的葡萄酒頒布會（ワイン頒布会）投訴，指出「當葡萄酒倒入玻璃杯時，發現裡頭跑出像是蜉蝣的小蟲」，打開保稅倉裡剩下將近６００瓶的葡萄酒檢查，發現竟有20％的葡萄酒裡有小蟲混入，當中有些酒每一瓶裡頭竟然還超過有１００隻的蜉蝣，其中一位投訴的消費者還憤怒地說：「已經噁心到不敢再喝葡萄酒了」，就連在倉庫看見浮在葡萄酒杯上那數以千計蜉蝣死骸的我，也好一陣子不敢喝葡萄酒。

由於當時每年將近有30萬箱的葡萄酒進口，因此發現這種混入小蟲或異物的葡萄酒其實是很常見的事。雖然沒有發現跑入腹蛇的葡萄酒，不過卻會發現有些酒摻雜著葡萄的果粒、果梗，有的會發現蜘蛛、蒼蠅，甚至有時還會發現蜥蜴泡在裡頭，不過這類的異物混入酒中的比例，通常每10萬瓶或是１００萬瓶中才會發現1瓶，當時在進口的５０００瓶Bourgueil葡萄酒中，竟發現將近１０００瓶混雜著異物，這的確是令人難以置信。至於為何葡萄酒中會有異物混入，可惜無法從酒莊那一方得到令人信服的答案，不過我個人認為，除非是第三者的刻意舉動，否則在裝瓶的生產線上如果沒有完全地把工作環境與外部隔絕，在將葡萄酒注入瓶內時，由於提供酒的酒槽上部屬於開放式，不難想像應該會有大量的昆蟲混入其中。

違法行為

過去在日本造成大轟動的葡萄酒回收事件，就是「防凍劑」的混入事件。１９８５年，部分奧地利的生產者在葡萄酒中添加對人體有害的二甘醇，此事爆發之後，日本的葡萄酒可說是完全停止在市面上流通，其中不僅包括被認為摻入二甘醇的、進口量少到不值一提的奧地利產葡萄酒，就連進口量相當大的德國和義大利葡萄酒也同樣檢驗出這類要素，這使得所有葡萄酒不得不進行檢驗。不料，這項醜聞也波及到日本國產葡萄酒，連當時被喻為最高級、每瓶要價數萬日圓的「國產」貴腐葡萄酒也檢驗出含有二甘醇的成分。據說一旦加入這種成分，就可以釀造出如同高級葡萄酒般濃郁的風味，而甜味葡萄酒品嚐起來會更加香甜，不過德國與日本的葡萄酒生產者並非刻意要在葡萄酒中加入二甘醇，原因在於用來混釀葡萄酒的澳洲產量販葡萄酒受到污染所造成的。將這種受到污染的進口葡萄酒偽裝成「最頂級國產貴腐葡萄酒」來銷售的日本葡萄酒公司，為了隱瞞這個不法標示進而躲避日本衛生局入內檢驗，使得這個葡萄酒醜聞整個陷入泥沼之中無法明朗化。現在看來可能有點荒唐，不過日本有段期間以「國名過於類似」為由，竟連澳洲的葡萄酒也一併停止販賣。

另一方面，１９９９年英國的國民報紙——太陽報（Sun）所報到的一則葡萄酒醜聞，讓法國的生產者們大為震驚。自狂牛病問題浮出檯面的１９９７年10月以後，ＥＵ便規定從牛的血液中提煉而出的蛋白（albumen）不可用來當作葡萄酒的澄清劑，不過規定公布之後，卻還是爆發了南法有９座酒莊使用了牛隻的乾燥血液，不過這些酒莊釀的葡萄酒因無出口國外的記錄，因此包括日本的一些法國葡萄酒主要進口國幾乎未報導這個消息，不料在中國，這件事卻反遭政治利用，使得所有法國葡萄酒均慘遭回收的命運。

日本在近年雖回收了在酒瓶內進行二次發酵的智利產葡萄酒，不過為了維護法國葡萄酒的形象而私底下將葡萄酒回收的事卻讓我印象深刻。

Vega Sicilia Valbuena 5°

進口商為Million商事。1998年份的零售價為15,000日圓左右

就連西班牙Ribera del Duero這種態度高傲的酒莊，也曾經遭遇過產品回收的慘痛經驗，當時葡萄酒在出貨之後，該酒莊發現1994年份的Valbuena 5°散發出一股木塞味，而且比例異常地高，因此在1999年對於流通業者發表回收聲明，並宣布這些酒可換成1995年份的同一葡萄酒或是1996年份的Alion，不過已經出貨的13萬瓶葡萄酒中，回收的也只不過才1000瓶。

Vega Sicilia現在只生產U'nico和Valbuena 5°這兩種紅葡萄酒，U'nico收成之後必須經過10年以上的熟成才能夠出貨，相較之下Valbuena 5°只要熟成5年即可上市，過去雖然也曾推出3年熟成的Valbuena 3°，不過現已停止生產。這種以Tempranillo品種為主而釀成的葡萄酒與傳統的波爾多葡萄酒相似，果香味淡、風味略醇，同時還散發出一股雪茄般的芳香。剛上市的Valbuena呈紫色，如同甜紅葡萄酒（port wine）般風味濃烈；相對的，U'nico通常呈熟成的磚紅色，口味豐富，並散發出一股土壤的芳香。

假酒事件

１９９０年９月在芝加哥舉行的拍賣會的佳士得拍賣公司（Christie's），其目錄上出現了１９４７年份的侯瑪內康蒂（Romanée Conti），不過當年侯瑪內康蒂因葡萄根瘤蚜而進行葡萄樹移種，其實１９４７年連一瓶葡萄酒也沒有生產。

偽造

１９９０年代，因部分葡萄酒報導媒體的葡萄酒評比，使得有些葡萄酒收藏家會被煽動購買某一特定的高級葡萄酒品牌，不然就是處於泡沫經濟下的亞洲市場，四處搜刮所有高價的葡萄酒，在這種背景之下，這也是個製造高價葡萄假酒出現空間的時代。當１瓶超過５萬日圓的葡萄酒，如雨後春筍般出現在市面上的同時，尤其是那些亞洲的消費者完全不懷疑那些葡萄酒的可信度，使得偽造高價葡萄酒遠比偽造假鈔來得既簡單又安全；據傳聞這個時期還誕生了數個國際性的偽辛迪加（Syndicate）企業聯合集團。

瓶裝假葡萄酒最簡單的偽造方式，就是將那些在高級餐廳已經開過的高價葡萄酒上的標籤泡水撕下之後，貼在價位較低的酒瓶上即可。技術高超的假酒偽造者，會利用同一生產者所釀造的那些等級次等的葡萄酒來魚目混珠，如此一來就無法從封鉛或酒瓶那微妙差異的外型來辨別真偽。本文一開始所提的Christie's情況，用來充當假酒的，就是同為Domaine de la Romanée-Conti（ＤＲＣ）１９６４年生產的Echezeaux，而當時就是貼上偽造的葡萄酒標籤＊1。

而那些非等級次等的Château Pétrus，大部分都是將風評較佳的年份葡萄酒標籤，貼在近年來因欠收而品質不佳的葡萄酒瓶上，原本1992年份的葡萄酒1瓶7萬日圓就可買到，但只因貼上1982年份的葡萄酒標籤，該瓶酒的售價竟可提升到超過50萬日圓。這類的偽造手法近年來技術愈來愈加精緻巧妙，不僅葡萄酒標籤，就連軟木塞甚至封鉛偽造的情況也頻傳不已；Château Lafite Rothschild自1996這個生產年以後，便開始採用經過壓花加工的酒瓶，以遏止偽造的情形再次發生。

識破假酒

識破假酒最重要的一點，就是要不時地確認什麼樣的酒會發生偽造，而這些酒又從世界上那些地區流出。但可惜的是，迄今仍沒有任何一個團體彙整提供這類資訊，儘管在倫敦有人打算成立，不過可能還需要一段時日。這類相關資訊在辨識假酒方面能夠發揮出決定性的力量，如1998年就在澳洲墨爾本發現了Penfolds Grange1990年的假酒，原本背面標籤的條碼應該是紅色的，但假酒上的條碼卻是黑色的，如果能夠掌握住這一點時，就不會買到假酒＊2了。無論如何，如果能夠提前知道這葡萄酒有假酒存在的話，消費者就不會購買正規進口代理商以外所進口的葡萄酒了。

遇到葡萄酒標籤貼在等級次等的葡萄酒上時，其實只要將封鉛撕下好好檢查軟木塞，就能夠判

＊1 DRC為了防止這類假酒發生，自1970年代開始也在封鉛上印上葡萄酒的名稱。
＊2 1990年份以前的Grange條碼顏色為紅色，自1991年以後改為黑色。偽造者因得不到1990年份的Grange，因此參考1991年份的酒來製造假酒。

別出真偽，因為通常軟木塞上本來就會刻上原裝的葡萄酒名和收成的年份。不過，葡萄酒上的封鉛一旦拆下再重新封上銷售的話，整瓶酒的價值會大打折扣，這對於那些以投機為目的而買葡萄酒的人而言，其實是不可行的辦法，而這也是葡萄酒投機偽造的情況猖獗的原因之一。

試飲可識破假酒？

那麼，萬一買到與真酒完全一模一樣的標籤、酒瓶、軟木塞與封鉛，可是裡頭卻是假酒的瓶裝葡萄酒時，這要該如何處理呢？一般的消費者可能會以為「如果是葡萄酒專家的話，只要試飲一口就應該可以分辨出真偽」。可是專家們說，萬一那瓶假酒仿的難以分辨真假的話，除非與真酒一起比較試飲，否則根本無法辨別出真偽。像是侯瑪內康蒂（Romanée Conti）就算裡頭換上年份相同的La Tache，儘管這兩者的價差超過5倍以上，不過就連釀造者本人也不太容易能夠分辨出者兩者之間的差異。

當在審判Winegate事件＊3時，法官質詢葡萄酒商「你試飲的時候，為何喝不出來那瓶葡萄酒是不是波爾多」時，對方回答「這誰喝的出來呢」？

＊3　1970年代初期，因投機性的期貨交易使得波爾多葡萄酒變得令人無法置信地昂貴，然而同一時期卻發現以Cruse et Fils Frères為首的5家大規模葡萄酒商，將普通的餐酒偽裝成AOC波爾多葡萄酒來銷售，導致當時波爾多葡萄酒的行情大為跌落。

葡萄酒的出處（provenance）

1994年6月在倫敦進行的佳士得拍賣會上，透過代理人以100萬美元標下葡萄酒的，據說是安得魯洛伊韋伯，不過他本人卻否認這個傳聞。

葡萄酒拍賣會

拍賣會上的葡萄酒大致上可分為兩種，一種是以生產、銷售相關業者為對象而拍賣的桶裝葡萄酒，另一種是包括一般消費者也可參與的葡萄酒完成品拍賣市場。前者最典型的例子就是名為Hospices de Beaune，定期於每年11月的第三個禮拜三在勃艮第舉行的慈善拍賣會，這個拍賣會始於1851年並且擁有悠遠的歷史，因此其所定案的拍賣價通常為勃艮第桶裝葡萄酒銷售價格的重要指標。進入20世紀之後，由於從種植到生產均一手包辦的生產者漸漸流行，因此在將剛發酵完的桶裝葡萄酒銷售給裝瓶業者時，拍賣是最一般的銷售方法。

當17世紀開始以商業為目的生產玻璃瓶和軟木塞，並以瓶裝方式來銷售葡萄酒時，引起了人們對於經過長期裝瓶熟成的葡萄酒之需求，而這種年份久遠的葡萄陳年老酒就如同古董或美術品般開始出現在拍賣會上。像英國知名的佳士得（Christie's）拍賣公司於1766年12月5日的第一場拍賣會上，就將葡萄酒列為重要的拍賣項目，並且留下了大量有關馬德拉酒和波爾多葡萄酒的得標記錄。1966年佳士得拍賣公司成立了專門拍賣葡萄酒的部分，緊接著近年不僅是葡萄陳年老酒，就連剛上市的葡萄酒或是波爾多期貨葡萄酒也開始出現在拍賣會上。

１９９０年代末以後，不透過傳統的拍賣會或是身為第三者的葡萄酒專家，而是以網路的方式所進行的葡萄酒拍賣會活動日益活絡，然而有些資訊像是葡萄酒的出處（provenance），或是保管狀況因尚未透明化，因此在投標時必須小心謹慎才行。

安得魯洛伊韋伯（Andrew Lloyd Webber）

以身為《貓》、《艾薇塔》、《鐘樓怪人》、《日落大道》等歌劇的作曲家而舉世聞名的安得魯洛伊韋伯，也是知名的葡萄酒收藏家，其中最為人知的收藏品，就是１９４５年和１９４７年第一級葡萄園所生產的，經過熟成、品質最佳的波爾多和侯瑪內康蒂等這類現金性高的葡萄酒，據說那些葡萄酒大多數都是安得魯洛伊韋伯於１９９４年6月，佳士得拍賣會在倫敦舉行的Remington Norman典藏葡萄酒拍賣會*1上標購而來的。

高級葡萄酒價格暴漲的１９９７年，安得魯洛伊韋伯突然公布要將他絕大多數收藏的１萬８０００瓶葡萄酒拿出拍賣，由於這場拍賣會事前已經受到媒體關注，因此投標者從世界各地湧入，而在同年5月舉行的蘇富比拍賣會上，這些葡萄酒甚至還打破了「１００％的得標率」、「拍賣總額為６１０萬美元」等前所未有的記錄。有趣的是，那些拿出拍賣的葡萄酒大部分的身價均超過一般市價的2倍，而其中的原因就在於擁有這些酒的原始主人，就像第三任美國總統湯瑪斯傑弗遜（Thomas Jefferson，１７４３—１８２６）曾經收藏的Château Lafite １７８７年一樣，重要的不是葡萄酒其本身的價值，而是誰曾經擁有過這瓶酒的這個來源才是最重要的。

與日本不同的是，未規定保稅倉庫內貨物保管期限的英國，對於那些將來轉賣機率極高的葡萄酒，可說是一定會保管在保稅倉庫內藉以迴避酒稅、關稅和消費稅，安得魯洛伊韋伯也不例外，他所收藏的那些葡萄酒從未出現在他家過，不過他那些珍藏的葡萄酒與其他沈睡在保稅倉庫的酒不同的是，那些葡萄酒木箱上均烙印著他的全名縮寫「ＡＬＷ」。

據倫敦的葡萄酒商指出，安得魯洛伊韋伯於１９９７年拍賣的葡萄酒，幾乎都是他在１９９４年以後所收購的，不過傳聞裡頭夾雜著來路不明的葡萄酒，但是這些酒卻因烙印上「ＡＬＷ」的字樣而成為身價非凡的葡萄酒。

＊1　Remington Norman：知名的葡萄酒研究家，同時也是葡萄酒大師（Master of Wine）。其著作有*"The Great Domaines of Burgundy"*（1992）與*"Rhone Renaissance"*（1996）。

Beaune Premier Cru Cuvée Nicolas Rolin

裝瓶者為Antonin Rodet公司。1996年份的零售價格為8,000日圓左右

Hospices de Beaune為一葡萄酒拍賣會。當初主要是為了籌措1443年Nicolas Rolin大法官設立的義診醫院——l' Hôtel Dieu，以及17世紀Antoine Rousseau所成立的慈善醫院——the Hospices de la Charité這兩家醫院的資金而成立這個拍賣會的。62公頃大的葡萄園所釀成的葡萄酒，會在酒精剛發酵完畢的11月第3個禮拜天出售給葡萄酒商，並將所有拍賣金額全數捐給這兩個慈善機構，這項慣例，已經實行數個世紀了。拍賣會上的葡萄酒除了有產地統一稱謂之外，還標上了該葡萄園的捐贈者名字。

酒精發酵前的作業雖然是由Domaine des Hospices（Hospices de Beaune）所負責，不過葡萄酒一旦得標之後就會將整個橡木酒桶搬至得標者的酒窖裡，由酒商用自家的獨特方法來使葡萄酒熟成，因此即使是相同的香檳（Cuvée），也會因進行熟成的葡萄酒商不同而風味迥異，其中最為人知的就是以200%全新橡木桶熟成的Dominique Laurent，因此在酒瓶標籤上標示出處（葡萄酒商名稱）也就變得意義非凡了。

陳年葡萄酒（old vintage）的購入

當我試著調查看看東京葡萄酒量販店所銷售的１９７０年代波爾多高價葡萄酒時，發現平均每３瓶就有１瓶葡萄酒套瓶蓋上面的壓花被磨損了。

流通

近年來就連在日本的葡萄酒零售商店，也普遍買的到收成之後經過20～30年的波爾多或勃艮第的葡萄酒。消費者之所以願意掏出１萬日圓來購買這樣的葡萄酒，主要是因為對於其經過長期熟成所帶來的豐富酒香與無法言喻的微妙風味有所期待，可惜的是，由於受到流通管道和保存狀態的影響，使得葡萄酒發生了後天性的缺陷，因而讓不少愛酒家失望。

１９６０年代以後，由於通貨膨脹與現金流量不佳，再加上利息調漲，使得波爾多的葡萄園失去了充裕的資金，好讓已經裝瓶的葡萄酒放置熟成直到最佳品嚐的時機到來為止，尤其是在Winegate事件發端的１９７３年，使得葡萄酒的價格暴跌，進而加速了各葡萄園期貨交易最後演變成，那些必須經過長期熟成的葡萄酒在裝瓶之後，剩下的保存工作就不得不由消費者來負責，而在英國和美國的葡萄酒市場上，葡萄酒的拍賣會更是呈現相當活絡的情況，Jeanne Descaves（１９０２－１９９９）就是掌握住這個潮流而發了一筆大財的葡萄酒商，他在期貨市場上以極為低廉的價位，買到特級葡萄園品質最佳年份葡萄酒，同時再以極高的價位，將經過熟成的瓶裝葡萄酒投放在交易市場上，以從中賺取利潤。在Jeanne Descaves位於波爾多夏特隆河畔（Chartrons）的辦公室裡，堆滿了年代久遠的陳年葡萄酒，在期貨市場相當活絡的１９９０年代後半，從世界各地打來表示希望購買這些葡萄酒的人可說是絡繹不絕。

像這種經由葡萄酒商保管的瓶裝葡萄酒，或是裝瓶熟成之後再經由葡萄園出窖的葡萄酒，一般來說都不會有什麼問題，不過像是那些保管在投機者自家中的葡萄酒，或是亞洲正值泡沫經濟時那些暫且出口至台灣、香港、新加坡的葡萄酒由於已經找不到源頭，再加上經過三番兩次的轉售，因此這些瓶裝葡萄酒極有可能受到高溫，如再以高價買下的話，風險相當大。

購買時的注意事項

保管葡萄酒時，最重要的就是要避免受到高溫，瓶裝葡萄酒若長時間放置在超過25℃的環境下的話，通常會失去因熟成而來的豐富芳香，因此在購買的時候必須避免挑選這類的酒。有時葡萄酒的體積會因高溫而膨脹，因此裡頭的酒會不小心從軟木塞和玻璃瓶之間的細縫中流出（leaking），不然就是把軟木塞往上推出１公分以上。葡萄酒要是不小心漏出的話，可以想像不僅標籤會弄髒，就連葡萄酒的量也會減少，不過，酒瓶上的軟木塞要是突起的話，葡萄酒商通常會用木槌把它敲回去，因此這個時候就要摸一下套瓶蓋上面的壓花，看看上頭的「花樣」還在不在，這一點非常重要（P288的照片A）。不過像勃艮第的Domaine Jayer-Gilles，有些生產者會使用軟木塞口徑較小的葡萄酒，因此軟木塞一下子就會往上浮，因此消費者也無須過度緊張。

手上這瓶葡萄酒經由何種流通路線來到日本的，內容聽起來好像很專業，不過這從酒瓶表面也可判斷出來。常見葡萄酒量販店會在酒瓶套瓶蓋上貼上一張叫做ＣＲＤ（P288的照片Ｂ）的綠色貼紙，這張是該葡萄酒在ＥＵ境內的移出許可證，也就是說，那瓶酒原本是出貨到歐洲市場的葡萄酒。另外，出貨到美國市場的葡萄酒上會標示著一漲「Government Warning」（P288的照片C），裡頭的內容為有關酒精類消費的注意事項。葡萄酒如果是先進口到台灣的話，裡頭會貼上一張透明的台灣進口證明＊1，如此一來，在經由第三國將葡萄酒進口到日本時，就必須考量到其高風險性。

由於在數家商店裡短時間內就可以簡單地比較某一特定葡萄酒的價格，因此近年來利用網路來郵購高價葡萄酒的方式漸漸受到矚目，只可惜這類的網頁上通常只將葡萄酒名列表出來而已，鮮少見到有人提供有關那瓶葡萄酒的來龍去脈與保管狀態等相關資訊，有好幾次是等到從宅急便的人手上拿到那瓶葡萄酒之後，才開始注意到套瓶蓋上的那張「花樣」，因此消費者應該要求網購或郵購等銷售業者提供這列相關資訊才是。

＊1　台灣進口證明因為其炎熱的氣候給人一種不利葡萄酒保管狀態的印象，因此日本的進口業者或零售店通常會將那張進口證明標籤撕下。

照片A　磨損的壓花

CHATEAU LAGRANGE 33 St JULIEN BEYCHEVELLE
S.A
REPUBLIQUE FRANÇAISE
D.G.D.D.I. 75cl
照片B　CRD（EU境內的酒類移出許可證）

Residual sugar..................56.5g/100ml
IMPORTED BY:
U.S.A. WINE IMPORTS,
NEW YORK, NY
GOVERNMENT WARNING: (1) ACCORDING TO THE SURGEON GENERAL, WOMEN SHOULD NOT DRINK ALCOHOLIC BEVERAGES DURING PREGNANCY BECAUSE OF THE RISK OF BIRTH DEFECTS. (2) CONSUMPTION OF ALCOHOLIC BEVERAGES IMPAIRS YOUR ABILITY TO DRIVE A CAR OR OPERATE MACHINERY, AND MAY CAUSE HEALTH PROBLEMS.
CONTAINS SULFITES
照片C　美國政府發行的「關於酒精類消費的警告」

Puligny-Montrachet Les Pucelles 1978 Domaine Leflaive

（參考品）

經由美國進口到日本的勃艮第白葡萄酒，標籤上頭印著紐約進口商的名稱，當時這瓶Leflaive原本是為了美國市場，特地經過無菌過濾處理而聞名的，只要實際試飲比較葡萄園出窖的同名葡萄酒，就會驚然發覺箇中差異。

關於網路上葡萄酒詐欺廣告

自1990年代末期，網路開始普及於一般消費者之間以後，日本精品葡萄酒（fine wine）的零售市場產生了戲劇般的變化。不管是1995年1月世界上第一個誕生於美國網路世界的葡萄酒商店Virtual Vineyards（之後改名為Wine.com），或是接著緊跟在後的wineshoppers.com均相繼破產；相對的，現在日本的網路商店可說是完全處於百花齊放的狀態之下，我想這要歸功於日本政府與地方縣市政府對於酒類通信銷售的寬鬆限制，以及高度發達的低價送貨網絡。光是從利用網路來銷售葡萄酒這一點來看，日本已經站在世界的前端了，但從另一方面來看，也是一個無法辨識真偽的葡萄酒廣告充斥氾濫、管理不佳且雜亂無章的葡萄酒網路市場。把格萊欣（Thomas Gresham，1519—1579）留給世人的「劣幣驅逐良幣」法則套用在日本的網路商店上的話，可說是「惡店驅逐良店」。

萌芽

因個人興趣，從網路上訂閱了超過100家葡萄酒商店的電子報，不過自2002年開始，卻發現了誤導消費者的廣告文案，讓人極為痛心。我在2002年5月向雜誌投稿一篇名為《對網路商店的不信任》的文章，揭發了當時標榜馬德拉百年老酒而販賣的葡萄酒，在日本以外的國家卻是釀造才10年的酒，因而和相關的進口業者發生了民事訴訟官司（東京地方法院裁決「因報導屬實」，因此判定此方勝訴）。我之所以會寫這篇報導，起因來自於一篇網路雜誌的內容。

「Robert M. Parker評比99分的葡萄酒，Clos Erasmus1萬3800日圓」。看到這項廣告時，心想「那就買瓶來嚐嚐看吧」，沒想到打開那瓶葡萄酒的連結一看，所販賣的竟是才剛上市的1999年份的葡萄酒，這讓我覺得事有蹊蹺，於是到Parker主導的網誌查了一下那瓶酒的資料，一看，評比99分的是1998年份的葡萄酒，不過對於1999年份的酒當時卻還未發表評價。

因此，我在電子郵件中先對那家網路商家表明自己的身分之後，並告知「Parker評比99分的葡萄酒不是1999年份的酒」，收到那家商家的回覆，已經是數天後的事情了，而那時廣告中的那瓶葡萄酒已經銷售一空了。整個銷售完畢之後，網頁上標示「Robert M. Parker評比99分的葡萄酒」的地方，才修改成名副其實的「1998年份的Clos Erasmus葡萄酒Robert M. Parker評比為99分」，這恐怕沒有一位購買者注意到這事後的修改部分吧。Parker對於這1999年份的評比要到2003年2月才公布出來，分數為93分，美國方面的理想零售價為75美元，不過網路上的最低價卻是55美元。

W公司的情況

我認為這不僅是「惡店驅逐良店」，甚至還是「散播不誠實的銷售方法」。W公司（匿名）為日本葡萄酒專賣店的草創者，以顧客的喜好為經營方針，對於店內銷售的葡萄酒狀況、管理與來源（provenance）均相當細心地在掌控，即使是在同業之間也是廣泛受到大家敬重的商店，連我自己每年也都會在這裡購買幾次葡萄酒，不過在2006年10月中旬，我卻收到了以下這封電子報。

「Robert M. Parker評比100分的葡萄酒，R公司的Côte-Rôtie 2003年」。

這是我每年都會購買的葡萄酒，因此原本就有打算想要買這位生產者2003年份釀造的葡萄酒，所以我早就知道這瓶酒並不是「Parker評比１００分的葡萄酒」。為了避免造成誤會，我特地到eRobertParker.com這個網站上檢索，一看，《Wine Advocate》１５６期（２００４年12月）裡頭是暫定評比在（96—１００分）這一欄，而到了１６３期（２００６年2月）則是確定評比為97分。說實在的，我非常錯愕，因為「就連W公司這種精心經營的葡萄酒專賣店，何時開始也使用這種欺騙顧客的宣傳廣告」，但仔細想想，「說不定是公司那個地方因疏失而搞錯」，因此我寄了一封電子郵件給該公司的部門負責人。我當時收到上述的那封電子報是在禮拜四的晚上9點，寄出電子郵件的時間是在9點40分。１個小時40分之後，對方回信了，信中說明「沒有事先確認真偽，就直接將進口業者所提供的情報轉載在網頁上」、「並非故意要釋放出錯誤的情報」、「目前正在訂正處理網路連結的葡萄酒訂購網頁」、「對於已經下訂單的消費者，會主動告知該葡萄酒內容有誤並願意接受退貨」，同時還謝謝我提供他們正確的情報。

隔天，他們客氣地又再回了一次信表示謝意，不過我深感非常有趣的是，當訂購者被告知買到的不是「Parker評比１００分的葡萄酒」時，竟真的有人因此而取消訂購。

評價的濫用以及詐欺性的廣告

當我在看葡萄酒專賣店寄來的電子報時，那些被Parker暫定評比為「（96—１００）分」的葡萄酒，卻廣泛地以「Parker評比１００分的葡萄酒」的廣告詞來促銷，那些暫時評比為「（96—１００）分」葡萄酒，儘管之後確定的評比不到１００分，店家卻依舊照常銷售。不僅如此，儘管評論家對於某一地區某一年份的葡萄酒所下的評點極為普通，但網頁上的資訊卻明顯地讓消費者誤以為，那瓶指名的葡萄酒是不是受到極高的評價才會登在廣告上面。舉例來說，Parker對 於１９９０年份的Saint-Émilion雖然整體評比為98分，但其中卻有幾瓶只得到75分，曾經就有商家利用這個整體評比將那幾瓶只有75分的葡萄酒，在廣告中打上「Parker評比為98分的年代酒，Château Villemaurine」。

濫用這種評比的商店，幾乎都是在網路的虛擬購物中心內擁有店面的部分商家，可能是數量有限的關係，在這類虛擬購物中心開店的獨立網路商店，就幾乎不曾出現過這類欺詐性的廣告。我自己就懷疑「虛擬購物中心那些葡萄酒專賣店中，對於這種允許濫用評比的認知是不是已經得到共識」。據我所知，將「Parker評比（96—１００）分」的葡萄酒，以「Parker評比１００分」或「Parker心中最完美的葡萄酒」的方式來宣傳的葡萄酒專賣店，全世界就只有日本這麼做。對我來說，這情況簡直是跟證券公司在發行公司債時，儘管該公司現在被評等為「不適合投資」，然而證券公司卻利用這家公司過去業績最佳時期的排名「ＡＡＡ」級，假裝此為有利的投資，欺騙顧客好將債券銷售出去的方式沒有兩樣。不管是葡萄酒評論家的評比或是信評公司的評等，既然要促銷販賣的話，銷售者利用最正確、最新的適當評比是自然而然的事。

不過網路上這類欺騙顧客的廣告可說是一個接著一個，不僅濫用評論家的評比，有的甚至毫無根據就直接打上「這瓶AC Margaux裡頭為Château Margaux的副牌酒」、「這瓶AC蘇玳貴腐酒其實為伊甘堡次一等的葡萄酒」、「這瓶由葡萄酒商裝填的AC Côtes du Rhône裡頭裝的，其實是Henri Bonneau（傳說中的生產者）的Châteauneuf-du-Pape」等等。不僅如此，儘管警告消費者如果遇到封鉛有重新拆封痕跡的Château Pétrus，而且還標榜最高品質的年份時，要特別注意「假酒的可能性非常高（這是中國偽造的葡萄典型例子）」，還是有商家依舊故我繼續販賣。這些虛擬購物中心裡展出的店鋪，都是網路上在葡萄酒銷售方面具有獨佔性市場率的，但令我無法理解的是，明明知道網路上這些廣告不實的問題，然而虛擬購物中心的營運公司卻為何放任這個問題不管呢？當然，大部分這類廣告的來源都是那些黑心進口業者，不過我認為營運公司既然身為網路上葡萄酒零售商的行銷管理部門，就應該成立一個倫理委員會，以好好管理葡萄酒銷售方面的道德行為才是。

投資葡萄酒

英國的葡萄酒專業雜誌《Decanter》自１９７８年以來，仿效股票市場中的專業雜誌日經２２５指數和ＦＴ１００，將指標葡萄酒名牌的拍賣價格指數化之後，刊登在《Decanter Index》這本雜誌上。１９７８年８月指數為１００點的波爾多頂級葡萄園到了２０００年７月時變成１１５５點，平均每年的上升率高達11．7％，而這段期間的日經平均指數大幅上漲４．８％。

投資

以期貨方式或是等上市後購買葡萄酒，然後在拍賣會等時機轉賣，來從中賺取差額利潤其實並非不可行。我自己雖然不曾以轉賣為目的來購買葡萄酒，不過偶爾會將多買的葡萄酒拿去和友人交換其他不同的葡萄酒。儘管家中有一輩子也喝不完的葡萄酒沈睡在酒窖裡，還是有許多葡萄酒迷不斷地買酒收藏，出現在歐美拍賣會上的葡萄酒，大部分都是以個人收藏的酒居多，在這類高級葡萄酒消費歷史悠久的國家裡頭，由於已經熟成的瓶裝葡萄酒之需求與供給不僅安定，而且還確保葡萄酒的高流動性。此外，市面上還出現了專業的中間商，就像波爾多的Jeanne Descaves一樣，一邊觀察葡萄酒行情，一邊以期貨交易的方式低價購入高級葡萄酒，接著再放出市場以從中賺取差額利潤。

另一方面，就算不透過拍賣會或中間商，也是可以透過葡萄酒專賣店的方式來直接購買，像在美國，那些陳列在店面、瓶上貼著「From Private Cellar」這張小標籤的波爾多葡萄酒，其大部分都是私人為了兌換現金而帶到那家葡萄酒專賣店轉讓的。雖然在美國的酒稅法上有些問題存在，像是「沒有酒類販賣許可的葡萄酒收藏個人，以營利為目的來販賣葡萄酒真的恰當嗎？」這類問題，我想日本今後也會發展到這種買賣方式，其實葡萄酒買賣情況相當活絡的Yahoo等這類的拍賣網站，其賣家和得標者都是以私人為主體。葡萄酒投資在日本之所以發達不起來的最大原因，就是因為過去沒有負責轉賣的葡萄酒市場，不過，因這類拍賣網站的出現，整體情況說不定會因而改變。

歐美葡萄酒的投資家其大部分之所以會是私人資產家，據說原因就在於從葡萄酒買賣當中所賺取的差額利潤，一般來說是不算在資本利得的課稅額度裡，通常各國的稅務當局不會設想到耐用年限不超過50年消費財，在銷售時所發生的差額利潤，因此對於股票或債券等投資所得也不會特地看守。

機關投資家

隨著葡萄酒買賣的盛行，使得歐美的機關投資家也明顯地參與投資，葡萄酒不僅是單純地販賣給投資家，另外還有一種投資基金的形態，也就是募集出資者來購買期貨市場中的波爾多葡萄酒，等價格上漲的時候再賣出，而其中所得的差額利潤再分配給出資者，這也是造成近年來葡萄酒價格急遽上升的原因之一。遺憾的是，其中有許多惡質的業者，在英國將波爾多一級葡萄園所產的葡萄酒以市場的2倍價格強行賣給那些無知的投資家，等期貨貨款到手之後便立即銷聲匿跡，這類的事件可說是層出不窮。

現在在日本也出現了以投資為目的的基金，並於２００１年春天招募投資家，儘管其營運方式本身相當耐人尋味，在招募投資家時所提的波爾多一級葡萄園「價格上漲表」中，卻只看見價格極端上揚的葡萄酒，而讓投資家明瞭「葡萄酒的價格以後會上漲至這種程度」的「五大葡萄園　１９９５年物國內販賣價格」的資料裡頭所標示的，其實是日本大規模的進口業者葡萄酒的目錄價格，而並非實際的零售價。也就是說，該網頁上標示著2001年目前的瑪歌堡1995年份之「國內銷售價格」為6萬日圓，但只要在網路上一查，就可以輕鬆查到日本有寫葡萄酒零售專賣店只賣3萬4000日圓，而在倫敦的拍賣會上平均每瓶的得標價才2萬3000日圓*1。

現在日本的葡萄酒期貨市場上，已經在販賣2005年份的波爾多葡萄酒，不過Château Lafite Rothschild一瓶卻約要7萬日圓，價格昂貴得令人無法置信。從這點來看，期貨市場的葡萄酒與熟成的現貨價格已經加速地逆轉，葡萄酒的行情可說是已經進入末期了。

*1 含買家的佣金，稅金與運費另計。下單之後若要空運至日本，含稅與運費價為2萬7000日圓左右。

Ornellania 1997

2006年12月的Ornellaia 1997年其世界零售價格為25,000～35,000日圓

我自己本身雖然不曾為了投資而購買葡萄酒，不過卻經常「在價錢上漲之前買來以便自己品嚐」，像1997年份的Ornellania於2000年上市的時候，我以1瓶7,000日圓左右的價格買了24瓶，這種葡萄酒充分地融合了卡本內蘇維翁完全成熟所散發出來的香濃果味與橡木桶的芳香風味，釀製絕佳的口味。2001年5月在Tokyo American Club所舉辦的品酒會上，在矇眼測試上提供了瑪歌堡、拉圖堡、Haut-Brion、1995年份的Château Léoville-Las Cases、Sassicaia以及1997年份Vigna d'Alceo（Castello dei Rampolla），不過其中卻以瑪歌堡和Ornellaia的風味最為出色。Solaia 1997年自被美國Wine Spectator誌評選為「Wine of the Year 2000」之後，價格就跟著水漲船高，使得現在的零售價超過4萬日圓，不過我自己本身卻還是認為Ornellaia的價值遠超過Solaia。

葡萄酒的藍籌股（blue chip）

自從網路上出現了葡萄酒拍賣會之後，就連一般的消費者也能夠輕鬆地利用買賣葡萄酒的方式，來從中賺取差額利潤。而這些交易者將需求量經常過於供給、上市只要能夠以最低價買到手，保證會價格會上揚的品牌葡萄酒稱為「藍籌股」，而且這些葡萄酒會越來越不容易買到手。

低風險&高報酬

想要當上葡萄酒的藍籌股，除了必須具備知名評酒家的「高評價」，如Parker評點95分以上、對於生產者和收穫當年的「名聲」以及由於生產量少的「稀少性」等，這些都是必要的條件。這些奠定偉大年份葡萄酒評價、少量生產的葡萄酒，雖然可以預測其風險低且報酬又相當高，不過不容易到手也是理所當然的事。像是身為一般進口代理商的Suntory所進口的侯瑪內康蒂１９９６年份的理想零售價格為16萬日圓，不過相同葡萄酒在同一時期並行進口時，銷售價格竟超過25萬日圓，6年後的更是超過了80萬日圓。因此Suntory進口的侯瑪內康蒂每年都會分配給各零售業者，而大部分的零售業者則是以抽籤的方式來決定有意銷售的業者。

這類低風險&高報酬的品牌葡萄酒，還有Château Pétrus、Château Lafleur、Domaine Leflaive、Domaine des Comtes Lafon的Montrachet、Guigal其Côte-Rôtie的La Turque和La Mouline、Henri Bonneau的Chateauneuf du Pape Réserve des Celestins等，不過最重要的，就是千萬不可以忘記「品質最佳的年

份」與「上市之後的最低價格」這兩點。坦白來說，商家若想要以最低價格來購買這種低風險＆高報酬的品牌葡萄酒，就必須與正規進口代理商或量販點有特殊關係才行，否則想以這種條件來買簡直比登天還難，若是一般的消費者的話，說不定連做夢也不可能實現的。Domaine Coche-Dury的Corton-Charlemagne２００２年，現在在網路上１瓶以超過20萬日圓的價格來銷售，不過日本正規進口代理商的理想零售價格也才不過２萬８０００日圓。葡萄酒通常會依照生產者的意思，只批發給最高等級的飯店或是餐廳。

低風險&易到手

由於低風險＆高報酬的品牌葡萄酒非常不容易買到手，因此像歐美葡萄酒基金這類的機關投資家積極搶購的，就是那些比較容易以上市（期貨）價格購買，而且市場上有某一程度需求量，再加上流動性和換金性高的波爾多特級葡萄酒。像是１９８２年、１９８６年、１９８９年、１９９０年和１９９５年這些年份所產的波爾多一級葡萄酒，由於品質極佳再加上能夠承受超過20年的長期熟成，因此即使發生世界恐慌，也不需急著把這些酒脫手。由於這類葡萄酒隨著時間裝瓶熟成之時，其現有的庫存量也會漸漸消費，到時價格會隨著流通量的減少而再次提升的。

不過，並非所有收成當年的波爾多一級葡萄酒在上市之後價格都會上揚，像是１９７２與１９８４這兩個年份的葡萄酒，雖然生產當年欠收，但那些以旺盛的需求量為背景的生產者，他們所開的價格過於昂貴，使得葡萄酒上市之後價格低迷，結果造成在期貨市場買下葡萄酒的消費者賺不到差額利潤。在１９９０年代，１９９５年的葡萄酒是個品質不錯的年代酒，不僅期貨價格較低，而且還是個適合投資的葡萄酒，儘管１９９６年是個豐收年，但期貨價格還是略高，接著１９９７年的品質儘管與往年一樣，但由於上市價格比1996年來得高，因此交易者可說是損失慘重。在購買波爾多期貨葡萄酒時一定要特別注意，那些容易成為投資對象的一級葡萄酒生產量非常充裕，通常會超過1萬5000箱，連帶的也就缺乏了「稀少性」，這是不可否認的事實。因此投資者除了該葡萄酒是否為「偉大的年代酒」之外，必須小心留意並檢討其在期貨市場上的價格是否恰當。

就算是藍籌股，也絕不可大量購買某一特定品牌的葡萄酒，而是要分散投資在不同的生產者、生產地區和年代酒以避免風險，這點非常重要。在這個前提之下，於最佳時機點（通常在上市不久之後）以最低價格買入品質最佳的年代酒，利用最低成本適當保管之後，如果沒有在適當的時機出售的話，就無法期望迎合風險的利益。因此我自己是反對一般消費者在運用自己的資產時，也將葡萄酒的投資也列入其中。

Château Lafite Rothschild 1998

台灣進口商有誠品酒窖（詳細門市資料請參照附錄）

不管接不接受Robert M. Parker的評比，令人遺憾的是，波爾多頂級葡萄酒的價格，一直都是以他的數值評比為中心在調動的。Parker在1999年4月的桶邊試酒的這個階段，將1998年份的Lafite暫時評比為（91～94）分，不過裝瓶之後，到了2001年4月的確定評比上卻變成98分，造成了1998年的Lafite在世界上的流通價格大大地變動，使得在期貨市場上購買的消費者賺了一筆相當豐潤的差額利潤。當Parker將評比往上調時，Lafite在樂天市場上的最低價為12,800日圓（未含消費稅），不過到了2006年12月，在世界上的流通價格卻變成4～5萬日圓。

1998年混釀的Lafite中，卡本內蘇維翁佔81%而梅洛佔19%，這年的Lafite為收成中屬於66%部分的等級次等葡萄酒，不過其中只有34%裝成Lafite。

葡萄酒投資基金的功過

「Abraham買了一貨櫃份的沙丁魚罐頭，這些罐頭已經被轉售了好幾次，每交易一次價格就跟著上揚一次，對投資者而言可說是利潤多多。與其他購買者不同的是，Abraham因好奇心驅使，打開其中一罐沙丁魚罐頭，一吃，沒想到味道竟讓人難以下嚥，因此Abraham打電話給賣主Joseph，『……不過Abraham，那些是用來投資的沙丁魚罐頭，不可以打開來吃的。*1』」

每當我在拍賣會的陳列物上看見Roumier的Musigny或Le Pin時，都會想起這個寓言故事。

葡萄酒投資基金

如果在網路上規模最大的搜尋系統Google的網頁上，輸入所有包含"wine"、"investment"、"fund"這三個關鍵字來查詢的話，約可搜尋到４００萬件查詢結果，當然，這些並非全都是以投資精品葡萄酒為目的所設立的網站，不過出現在查詢內容前幾位的，還是由私人投資家募集出資資金，為了獲取資本利得而買賣高級葡萄酒的投資法人網站。這些葡萄酒投資基金絕大多數都登記在開曼群島（Cayman Islands）這類租稅天堂（避稅天堂，Tax Heaven），資金的實際運作方面則是由總公司位於倫敦和波爾

2 引用自Simon Loftus 的"Anatomy of the Wine Trade"*（1987），譯者為筆者。這段寓言故事的作者據說為Peter A. Sichel（1930—1998）。

多等地的資產管理公司來操作。葡萄酒投資的主要基金之一The Vintage Wine Fund（開曼）的報告指出，其基金的年收益率在2003年度為6．22%、2004年度為2．12%、2005年度為11．18%，另一方面，與此相關的手續費金額為年度管理費的2%，外加15%的差額利潤（業績費），以作為投資成功報酬（2006年12月）。

健全的投資基金不僅能夠提供葡萄酒市場一筆豐潤的資金，同時還能夠讓消費者在一個健全良好的環境之下，以最適當的價格來購買熟成且高品質的葡萄酒，因此這類的投資基金理應大受投資者歡迎，但可惜的是，並非所有自稱投資基金的組織其內容都相當健全，尤其是在歐洲，有許多假藉葡萄酒投資基金為名的不肖業者和詐騙組織橫行天下，使得許多缺乏知識的老年人等受害者人數急速增加。根據熟悉偽裝葡萄酒投資詐騙集團的英國媒體記者Jim Budd指出，Vintage Wines Ltd.（阿姆斯特丹）這家公司將市場價格一箱不過210英鎊（約4萬3050日圓）左右的Château Brane-Cantenac，向私人投資者吹噓這瓶葡萄酒「保證價格會上揚」，最後竟以3300英鎊（約67萬6500日圓）這個價位來銷售。事實上，這類的詐欺案例可說是不勝枚舉。

葡萄酒投資基因的相關活動最令我恐懼的，就是在世界中迷失去向的投資金會急速的流入佳釀葡萄酒市場中。高級葡萄酒投資的收益率在過去，的確比日經225或英國的FT100來得高，不過世界金融市場的資金若打算直接流入的話，由於規模過小，在投資的瞬間會不慎發生通貨膨脹。我自己估計，未來資本利得值得期待的佳釀葡萄酒總流通庫存金額（投資市場規模）約3．6兆日圓，而這個數字來自於假設世界上成為投資對象的葡萄酒品牌有300種，其平均年生產量為1萬箱，每瓶葡萄酒的平均價格為1萬日圓，而過去10年份的總生產量為潛在性的投資對象計算而出的。可惜的是，世界上正在營運的葡萄酒投資基金幾乎都不曾公開宣告其葡萄酒的資產金額，不過依據美國富比士（Forbes）雜誌報導，AMW Fine Wine Fund（日內瓦）的葡萄酒資產總額為１３０億美元（１・５兆日圓）左右，這意味著光是這一家公司的基金，就擁有了我所估算的投資市場規模中43％的葡萄酒。

泡沫經濟的憂慮

根據前述The Wintage Wine Fund（開曼）所發表的運用成果報告指出，光是波爾多的紅葡萄酒就佔了其運用庫存（基本金額）的73％，接著隆河的紅葡萄酒佔８％，勃艮第的紅葡萄酒佔４・９％，白葡萄酒方面，波爾多的白葡萄酒（蘇玳貴腐酒）卻只不過佔了２・４％。其他主要的葡萄酒投資基金的分散投資（Portfolio）也經常以波爾多的葡萄酒為主，資金方面則說明了這是「為了提升某一特定葡萄酒品牌生產量多寡、流動性高低以及超過20年品質的熟成能力」。這些都屬實，但也正因波爾多原有的流通系統，使得其他剩餘的資金更加容易流入，這點益處絕不可忽視。換個角度來看，勃艮第的特級葡萄園和高級香檳酒生產者，其與進口業者和零售業者之間，只採取劃分轉賣地區的雙方商定交易方式來銷售產品，不過資本利得值得預期的波爾多特級葡萄酒，卻只透過波爾多的中間商，間接地將葡萄酒銷售給進口業者與零售業者，因此當葡萄園把葡萄酒交給中間商之後，其產品最後究竟銷售到何處，其實生產者並太介意。儘管明白中間商的目的是在投資與投機取利，據說生產者還是不會留戀那些現金收入高的投資基金，依舊將那些被稱為藍籌股且保證身價定會上揚的葡萄酒給銷售出去。

自１９９７這個生產年的新酒促銷會（Premeur Campion）以後，我發現波爾多葡萄酒的價格決定系統出現不可思議的變化，當法語版的《Wine Advocate》發行的同時，葡萄園這一方也刻意地延遲葡萄酒價格的發表日，當初以為是要在Parker的評比發表之後才會公布銷售價格，但這樣就無法說明為何「２０００年（Parker評比１００分）與２００５年（暫定評比93—96分）的Château Lafite，在世界上的交易價會遠比１９９６年份的（Parker評比１００分）來得高」了。２０００年份Château Lafite的交易價之所以會比１９９６年份來得高，確定的論點應該是「２０００年」這個時間點切得剛好，但既然２００６年12月的評比還尚未肯定，而且就連還不夠格納入Parker滿分評比之內的２００５年份葡萄酒，其交易價格也比１９９６年份評比確定滿分的葡萄酒來得高，其中的原因究竟為何？現在分析所能想到的原因，除了其高度的流動性之外，恐怕就只有該為期較長的交易保存期間了。

那些被認為是品質相同、完全熟成的年代酒與近年的年代酒，在２０００年以前完全察覺不出這兩者之間的價格會產生如此逆轉，不過現在除了Lafite之外，也陸續地出現了其他的「藍籌股」。很久以前我就已經很納悶為何葡萄酒的價格會出現這樣的逆轉現象，尤其當我知道Christopher Budd這位英國的葡萄酒貿易商和我的想法一致之後，更加肯定了自己的推測。像現在２００４年或２００５年份的波爾多葡萄酒只要出現在新酒展示會或上市之後，就可以一次買入數量或金額超過１００箱的葡萄酒。但另一方面，１９９０年或１９９５年這些年代較久的葡萄酒卻是頂多以5箱，要不然就是以1箱為單位為主流的買賣方式。由於基金經理人不願意三番兩次地收集這種批發量少且還在熟成當中的年代酒，因此我認為說不定這就是造成現在葡萄酒價格逆轉現象的原因之一。若說葡萄酒投資基金是從波爾多２０００年份葡萄酒展示會開始的話，從時間上來推算也相當符合，Christopher Budd也曾說過「由於流動的金額過大，因此就算與年份較長的年代酒之間，或多或少發生價格上的逆轉現象，基金經理人也不會在意的，甚至連少量小批地收購相對價格較便宜、年代較長的葡萄酒也沒什麼興趣」。

這麼一想，就不難理解近年來為何一級葡萄園的新酒價格老是特別突出，甚至異常地高漲，另一方面，金額超過那些實際上喜愛品酒消費者的購買能力，成為金錢遊戲道具的葡萄酒，10～15年之後當交易的保存期限變短之際，會大量釋出於市場之中。當然在這個時間點，葡萄酒的價格就必須下降到那些實際上喜愛品酒的消費者有能力負擔的範圍之內才行，不過到這個時候為止，擁有那些葡萄酒的投資家會與「Abraham」一樣，別說是賺取差額利潤，就連資本也會跟著虧損（capital loss）。

對於投機家而言，不管是鬱金香的球根或者是沙丁魚罐頭，甚至是葡萄酒，這些都只不過是用來賺錢的道具罷了。如果不願意自己所擁有的葡萄酒變得像「腐臭的沙丁魚罐頭」那種下場的話，波爾多的頂級葡萄酒就必須覺醒，並停止透過中間商這種包括新酒的銷售方式。

數值評比的功過與
批評的獨立性

第6章 葡萄酒相關報導

葡萄酒年份表（vintage chart）

「前幾天當我在品嚐同一品牌不同年份的葡萄酒時，我向學生們提到『１９６１年份的葡萄酒品質的確相當不錯，不過要是所有年份的酒都這樣的話，那豈不很無趣？』，我以為學生會隨聲附和，但沒想到他們的反應竟然是『怎麼會？』」

Hugh Johnson

葡萄酒年份表

特定產地在某一特定的收成年裡，究竟會釀出什麼樣的葡萄酒，會大大地受到當年氣候的影響。從「葡萄酒品質」這點來看，要是當年遇到以下各種情況的話，就難以釀出最高品質的葡萄酒，例如無法使果實完全成熟的冷夏、日照不足的日子、開花期間不料連日氣候不佳、收成期間不幸降雨使得葡萄果吸水膨脹，或是葡萄生長期溼度過高引起發霉或病蟲害發生等。透過這類與氣候相關的情報或是實際試飲生產的葡萄酒，利用一般的方式以數字來評價收成當年葡萄酒品質的葡萄酒年份表，對於消費者來說肯定是相當方便的東西，不過在這個普遍化的年份表裡卻常伴隨著例外情況。

舉例來說，像是１９６４年波爾多在收成前夕，大家都深信該年定會釀出「世紀的年代葡萄酒」，然而實際上梅洛葡萄酒的主要成分，也就是較早成熟的Pomerol和Saint-Émilion這兩種葡萄，雖然能夠釀造出非常不錯的葡萄酒，不料自10月８日開始連下兩週的豪雨，使得梅鐸大部分的卡本內蘇維翁慘遭損害。當時異常地執著在釀造那些雖然等級下降至第二級，但品質卻超越第一級葡萄園其所生產葡萄酒的Baron Philippe de Rothschild，由於嚴格要求非使用完全成熟的卡本內葡萄不可，因此該年所生產的Mouton品質可說是非常的慘不忍睹。相較之下，雖然同樣位在梅鐸，但在連續豪雨來臨之前，Montrose和Latour的卡本內葡萄幾乎已經收成完畢，甚至還釀造出獲得好評的美酒，只可惜受到收成當年評價好壞的影響，葡萄酒的價格並未因品質而水漲船高。

年份表的評價

消費者除了參考葡萄酒年份表，其他最重要的，可能就是要明白那張年份表是由誰製作而成的，因為葡萄酒年份表強烈地反應出製作者對於葡萄酒的喜好，尤其當那張表若是由生產者完成的話，在一般的情況下是會將水準大大提升的。舉例來說，像是1991年與1992年的波爾多，該年的採收期因為下雨而使得收成工作變得困難重重，而對於原本滿分評價為5分的這個產地，Jancis Robinson這位葡萄酒研究家，卻對那兩年的葡萄酒例外地評下零分；然而，身為生產團體的波爾多葡萄酒委員會卻在「excellent」、「good」、「off vintage」這三個評價階段當中，對於這兩年所生產的葡萄酒評以「good vintage」。實際上從波爾多葡萄酒委員會所製作的葡萄酒年份表來看，在連續幾年欠收的1990年代當中，根本沒有一瓶葡萄酒被評比為「off vintage」。

收成年的特殊風味

由於葡萄酒年份表是以數字針對某一特定的收成年來做評比，因此對於消費者而言相當地明瞭易懂，這個數字雖然能夠表達由專家們所釀成的葡萄酒之品質水準，但這張表卻完全忽視了該葡萄酒的獨特風味和最佳品嚐時間。因１９９３年和１９９８年的加州正值冷夏，使得葡萄的成長與收成比往年來得晚，一般是被認定為該年欠收。以那帕谷的卡本內蘇維翁為例，１９９８年所生產的酒的確與以往「果香味濃郁香醇，而且酒精濃度超過14％」的那帕谷葡萄酒風味大不相同，味道反而變成「酒精濃度為13％左右，有點苦澀」。不過，對於那些和我一樣喝慣波爾多葡萄酒的消費者來說，這瓶那帕谷１９９８年所生產的葡萄酒不僅是「波爾多風味」的絕品葡萄酒，再加上生產者為了讓果實能夠完全成熟，而大膽地將園中每棵葡萄樹的間隔拉開，也因此釀造出如此令人眼睛為之一亮的好酒。此外，１９８５年和１９８６年同樣也是梅鐸地區中屈指可數、生產出好酒的年份，但由於１９８６這一年卡本內蘇維翁在完全熟成和裝瓶熟成上花了相當多的時間，相較之下，１９８５年的梅洛反而比較出色。

然而，這種因隨著年份改變風味也隨之不同的特色，在法國卻因葡萄酒生產技術的革新而漸漸消失，尤其是自１９８０年代後期以後，因在葡萄榨汁的階段能夠去除多餘水分的濃縮機日益普遍，只要當年因下雨而吸水過多的葡萄果水分只到達20％的話，利用這台濃縮機就能夠輕鬆地去除水分，以保持葡萄酒的風味均衡，即使該年天候不佳，依舊能夠釀造出風味香醇的葡萄酒。不僅如此，為了能夠利用逆浸透膜這個方式來釀造風味凝結的葡萄酒，就必須要挑選果粒中水分略多的葡萄才能夠方便製作，因此現在在波爾多甚至有的葡萄酒生產者會期望在收成期間能夠降雨。

由於人工的濃縮技術發達，使得波爾多的葡萄酒每年都漸漸地失去了其特殊風味，不過，另外一個原因，也有可能是因為像Hugh Johnson那樣懂得品嚐每年不同風味葡萄酒的消費者日益減少也說不定。

Château Montrose

2003年份的零售價格為25,000日圓左右

Château Montrose位在Haut-Médoc北端的Saint-Estèphe，是1855年波爾多等級次等的第二級葡萄園，由於這裡所釀成的葡萄酒風味濃郁，因此被喻為「Saint-Estèphe的拉圖堡葡萄酒」，Montrose的風味之所以會與拉圖堡葡萄酒相類似，這並非偶然造成的。由於這兩地同樣位在Gironde河旁，因河水的影響使得該局部地區一年四季氣候安定，葡萄的成長比位在內陸部的葡萄園還要提早一週左右，因此即使遇到像1964年或 1998年在收成期後期不幸下雨的年份，由於該地幾乎已經都採收完畢，所以才能夠釀造出梅鐸品質最佳的葡萄酒。此外，像是1991年4月21日清晨那波襲擊歐洲的寒流，使得波爾多的葡萄園損失慘重，但在Montrose與拉圖堡由於受到Gironde河的輻射熱保護，因此慘遭霜害而壞死的葡萄新芽相當少。

品質最佳的Montrose與拉圖堡葡萄酒一樣，至少要裝瓶熟成20年之後才能開瓶享用，其中1990年的Montrose還特別被譽為世界上數一數二的「世紀葡萄美酒」。

媒體報導的影響

１９９９年末，世界規模最大的葡萄酒雜誌《Wine Spectator》評選Chateau St Jean Cinq Cépages １９９６為「Wine of the Year」，該雜誌長年以來對於這座酒莊雖然略採批判態度，不過正當與《Wine Spectator》一直保持良好關係的Beringer Blass Wine Estates公司（現為Foster's Group）在收購Chateau St Jean Cinq之際，其所釀造的葡萄酒大放異彩，獲得了最高榮耀，但該１９９６年份的葡萄酒，其實是由之前的所有者，也就是Suntory所釀造的。

葡萄酒雜誌

葡萄酒相關書籍的歷史，最早可追溯至古代羅馬的小加圖（Marcus Porcius Cato，西元前２３４－１４９）這位政治家，不過從古到今，所有的相關書物幾乎都是論述葡萄酒生產、流通、品嚐葡萄酒的效能等專業內容居多，真正以消費者為對象的書籍，則是要等到１９２０年George Saintsbury博士所寫的《Notes on a Cellar-Booko》[*1]才算真正出現。同樣的，屬於定期刊物的葡萄酒雜誌之發展，則是１９７０年以後才發生的現象，主要刊物有Robert M. Parker的通訊雜誌《Wine Advocate》（美）和《Wine Spectator》（美）、《Decanter》（英）和《Wine》（英），以及《La Revue du vin de France》（法）等誌。

有趣的是，這類以消費者為對象的雜誌如實地傳達了該國的國民性，像是美國出版的葡萄酒雜誌便充滿著濃濃的採購指南色彩，出版者雖然是飲了數以千計、不同種類的葡萄酒，並且還以１００分為滿分標準來評分，然而對於這些葡萄酒卻缺乏個別的客觀資料；相對的，以身為葡萄酒貿易中心自負的英國，其葡萄酒雜誌的內容，除了猛烈抨擊美國這種數字評價的方式之外，同時還以證實性、分析性的方式來評論葡萄酒，然而由於內容過於專業，因此對於那些尚不熟悉葡萄酒的消費者來說，這類雜誌甚至還呈現出排他性。而以日本消費者為讀者對象的葡萄酒雜誌最具特色的，就是裡頭有相當大的篇幅在介紹「美食與葡萄酒的組合搭配」，不僅如此，雜誌還將與生產者與公家機關有關的商業資訊（press release）不加修改地一併刊登，然而卻幾乎未曾見過對此檢討或評論的相關內容。因此，對於這類的出版物品內容如果都照單全收的話，「世紀年代葡萄酒」的評選勃艮第會每５年舉行一次，連波爾多也會每３年進行一次。

Black Journalism

１９８０年代以後，由於這類葡萄酒雜誌漸漸地受到消費者的支持，使得大家爭相搶購雜誌裡頭評論較高的葡萄酒，造成該價格的高漲。如此一來，對波爾多等的葡萄酒生產現場不僅會造成極大的影響，就連出版業界灰暗的一面，如Black Journalism也變得若隱若現，「雜誌中刊登的廣告量不同，葡萄酒的評價也會隨著改變」、「不刊登廣告的生產者，是會被抓來當作代罪羔羊的」，這些在葡萄酒生產者之間已經成了在這個業界生存的基本常識；實際上也確實有人在調查報章雜誌對於某一特定葡萄酒的評價與該廣告投資額的關係是否密切。

＊1 Saintsbury, G., *"Notes on a Cellar-Book"* (1920)

義大利葡萄酒研究者Mary Ewing Mulligan指出，據說英國某一葡萄酒雜誌在企劃巴羅洛葡萄酒專刊時，挑選了100種以上的巴羅洛葡萄酒進行矇眼測試，在對評價最高的葡萄酒生產者說明情況之後，竟向對方索取高額的廣告費用。當生產者以評價最高的葡萄酒已經銷售一空為由來拒絕刊登廣告時，在那本出版的巴羅洛葡萄酒專刊裡竟然找不到那位生產者所釀的葡萄酒，表示那瓶酒已經從試飲名單上刪除了。

這本專刊上市的時候Chateau St Jean Cinq Cépages 1996年的理想零售價格原為28美元，但《Wine Spectator》這本雜誌才介紹不久，這瓶葡萄酒在美國的零售店面裡售價竟跳到70美元以上。

Wine Spectator

以世界上發行量最大的葡萄酒專業雜誌而自豪的《Wine Spectator》，在１９７６年４月以加州葡萄酒產業業界小報的形態創刊於聖地牙哥。１９７９年被現任負責人Marvin Shanken買下之後，便以葡萄酒消費者為對象，漸漸地轉型為內容精練的生活雜誌。

Parker和Spectator

《Wine Spectator》公開的銷售數量截至２００６年超過37萬本，估計讀者人數為２１０萬人，一般來說，Robert M. Parker對於從事葡萄酒銷售的業者具有相當大的影響力，相對的，《Wine Spectator》這本雜誌對於擴展美國葡萄酒消費量則有功不可沒的貢獻。Parker主導的《Wine Advocate》拒絕刊登廣告，以消費者這個完全獨立於葡萄酒業界之外的立場來評論葡萄酒，相對的，《Wine Spectator》則是與葡萄酒業界有密不可分的關係，其雜誌封面也是刊滿了世界各地生產者的華麗廣告，因此部分有識之士認為「《Wine Spectator》對於各個葡萄酒所下的評價，決定在該生產者或進口業者在雜誌內所刊登的廣告量」，身為讀者之一的我，也曾經感受到這其中一小部分的 Black Journalism。

《Wine Spectator》對於葡萄酒所下的評價之所以不如Parker般受到葡萄酒業界的支持，其因有幾點其中之一，就是《Wine Spectator》這本雜誌中負責波爾多部分工作人員判斷能力的不足。以

１９８２年份的波爾多紅葡萄酒為例，在收成的隔年春天，Parker即立刻宣布這將會是「世紀偉大的葡萄酒」而引來市場上的注目；相對的，《Wine Spectator》則判斷這個評論過於誇張，反而建議消費者購買１９７９年或１９８１年的葡萄酒，當時幾乎所有英國知名的葡萄酒研究者均懷疑１９８２年葡萄酒的熟成能力之際，唯有Parker一個人闡揚１９８２年份葡萄酒的優越性，之後不僅博得整個市場的同感，同時更加奠定了自己本身的權威性，相較之下，《Wine Spectator》卻是顏面盡失。

數字評價

談論到《Wine Spectator》時絕對不可避而不談的，就是其以１００分為滿分，而將每瓶葡萄酒品質數字化的這種評價方式，該誌雖然追隨著Parker主導的《Wine Advocate》這本雜誌的腳步，於１９８５年採納這種評價方式，不過基本上Parker是自己一個人來評價所有的葡萄酒，但《Wine Spectator》卻是每個產地分派約8名的負責人員，因此有人強烈地抨擊「每位評論人員對於葡萄酒的喜好差異甚大」，再加上「每人評分的標準嚴謹不一」。其實負責勃艮第地區的Per-Henrik Manson與總評論的Harvy Steiman這兩位曾經在進行某一專刊時，以勃艮第與美國共40種的黑皮諾葡萄酒為對象來進行矇眼測試，並分別記錄自己的評價，但卻難以避免個人的喜好存在。例如同樣都是Kistler的Cuvée Cathleen１９９４年，雖然在Steiman心目中為98分的第一名葡萄酒，然而對於Manson而言卻僅給予85分的評價且排行近乎榜尾，而Manson對於Jayer-Gilles的Echezeaux１９９３年雖然給予98分的評價，但Steiman卻只給85分。

若從純粹評論葡萄酒這一點來看，《Wine Spectator》的內容可能比不上《Wine Advocate》，不過若從商業的角度來看，《Wine Spectator》卻是一枝獨秀，尤其是當葡萄酒生產者或是葡萄酒零售店，若要在通訊雜誌、網頁或是店頭介紹葡萄酒時，以「Wine Spectator 96分」這種方式所引用的次數則遠超過Parker的評價，這可能是因為《Wine Spectator》工作人員的採分方式會刻意地比Parker來得鬆散。對於零售店或葡萄酒生產者而言，由於評分的高低會大大地影響到葡萄酒的銷路，因此不管是Parker或是《Wine Spectator》，零售店或葡萄酒生產者只選擇評分高的那一方，況且，葡萄酒的分數會隨著廣告的刊登而提高，倘若真如此，對於那些在大規模酒莊裡擔任行銷的人員而言，數字評價就成了必須面對的現實考量了。

以100分滿分來評價葡萄酒的美國葡萄酒採購指南當中，只要雜誌創刊的日期越新，其評分的篇幅也就會越大。

沒有Parker的葡萄酒世界

Robert M. Parker

１９４７年出生於美國馬里蘭州巴爾的摩，同時也被奚落為葡萄酒界獨裁者的Robert M. Parker在２００７年歡度了60歲大壽，身為一個事業成功的美國人，這個年齡就算引退也不足為奇，不過由於他的體態相當臃腫，因此在業界中悄悄地流傳著Parker的健康狀況不佳這個謠言。不過實際上，數年前甚至還有個尚未確認的情報流竄在這個世界上，那就是「當Parker正在紐約的法國餐廳裡用餐時，卻突然心臟病發作而倒下」，而這個謠言就像是從旁證明了Parker引退這一說般，１９９６年自Pierre Antoine Rovani被招攏至《Wine Advocate》，開始負責勃艮第等地區以後，接著２００３年義大利葡萄酒則交由Daniel Thomases負責，近年則是將德國和奧地利的部分交給David Schildknecht，至於Parker本身主要的執筆範圍則縮小至波爾多、隆河與加州這三處*1。

有關Parker對於葡萄酒所下的評比，是功績抑或是惡行，眾人的評論不一，儘管如此，一般來說Parker對於葡萄酒業界最大的貢獻，應該就是以百分點法這個數字的方式來評價葡萄酒。但我本身認為，在雜誌裡完全不刊登廣告，從葡萄酒業界這個圍欄裡完全跳出獨立，以消費者的立場來試飲並評論葡萄酒，這種獨立性的評論才是他真正的用意。Parker隔月發行的葡萄酒評論雜誌《Wine Advocate》在１９７８年創刊當時，被認為值得專家評論的只有波爾多、勃艮第生產的葡萄酒，不然就是葡萄香檳酒或是年份波特酒（Vintage Port），而且這些身為葡萄酒評論家的地位從歷史上來看，均為英國人所獨占。曾經擔任英國酒類業界雜誌《Wine & Spirits International》編輯的Jancis Robinson MW就曾經在她的著書裡回想起，在那個時代媒體從未想過要自掏腰包去葡萄酒產地採訪好為雜誌做取材，英國那些媒體們都是因受到廣告主的招待才去產地採訪，也正因受到款待，因此才寫出與生產者攀扯的吹捧內容。

Parker的影響力

Parker的名聲開始在世界上打響的契機，是在１９８２這個生產年的波爾多紅葡萄酒的新酒展示會上，當時在收成的隔年春天，Parker就領先一步宣布這將是「世紀頂級葡萄酒」，這番話引起了葡萄酒市場的注意。不過英國知名的葡萄酒評論家幾乎都斷言該年的「葡萄因為熟透，所以無法指望能夠承受長期的裝瓶熟成」，當時唯有Parker一個人闡揚１９８２年份葡萄酒的優越性，之後不僅博得整個市場的同感，同時更加奠定了自己本身的權威性之際，相較之下，英國的葡萄酒媒體的權威性卻是完全因而掃地。１９８９年秋天，我有幸與釀酒長的Lucien Guillemet、ＩＤＶ法國公司的Charles Eve MW以及中間商的Hugues Lawton，在Château Giscours品嚐了從１９７８到１９８８年生產的同一品牌葡萄酒，當試喝到１９８２這個年份的葡萄酒時，我還記得Charles Eve MW落寞地以英語感嘆說到「還是Parker說的對」。

以這個１９８２年份的葡萄酒為契機，Parker的評價在美國葡萄酒市場上，就成了購買者在新酒

＊２　Pierre Antoine Rovani和Daniel Thomases兩位於２００６年離開《Wine Advocate》。Rovani所負責的部分之後改由David Schildknecht負責，而義大利葡萄酒的部分則轉交新上任的Antonio Galloni負責。

展示會上最重要的參考指標，1998年自法語版的《Wine Advocate》發行之後，就連法國的國內葡萄酒市場也被捲入Parker的風潮之中，沒有一位葡萄酒評論家能夠媲美他，Parker在這個業界的地位也因此變得屹立不搖。自1997這個生產年的新酒展示會之後，葡萄園的生產者刻意拖延葡萄酒價格的公布時間，直到Parker的評價公布之後才肯提出出售價格。自此以後，事實上Parker已經支配了波爾多新酒定價的這個步驟，而1990年代後半所出現的葡萄酒投資基金，其大多數也是仰賴Parker的評價來組成其投資組合（portfolio）以收購某一特定品牌的葡萄酒，因此在1995這個生產年，平均1瓶750公升，以7000日圓就可以預約購買的一級葡萄園期貨葡萄酒，到了2000這個生產年要3萬日圓，而到了2005年竟變成要超過7萬日圓才買的到。對於波爾多葡萄酒的期貨等價格急遽上漲的情況，Parker若無其事的說：「這是因為中國和日本等這類新興的葡萄酒消費國，對於高品質葡萄酒的需求增加所造成的。但是，生產者也不可能一下子大量增加這類葡萄酒的產量，因此我認為高品質葡萄酒的價格是不會下降的」。投資基金從那些對葡萄酒沒有興趣的投資家那裡募集資金，目的只不過是為了賺取差額利潤罷了，現在這種情況對葡萄酒明顯的沒有實質上的需求，在我眼中看來，只看到一種泡沫化的投資現象，其他的什麼也都沒看見。

除了波爾多的高級葡萄酒之外，在那些幾乎已經有點走火入魔的產地中，深深依賴著Parker影響力的另一個例子，就是Châteauneuf-du- Pape。在有關波爾多葡萄酒的評價當中，同為葡萄酒評論家並且相互競爭的《Wine Spectator》誌James Suckling和英國的Clive Coates MW等人，雖然因為1982這個生產年的評價而慘遭一擊，不過隆河葡萄酒方面的評論競爭者原本就只有英國的Remington Norman MW一人，再加上Norman的評論風格原本就只針對各個生產者，而非針對各個年份的葡萄酒，因此Parker自1987年發表「Wines of the Rhông Valley」以後，就連在隆河葡萄酒這塊區域也開始以評論家的身分，而扮演著獨佔性的地位。除了給予艾米達吉和Côte-Rôtie這些主要以希哈釀成的紅葡萄酒一個永傳於世的評價之外，最讓人跌破眼鏡的，就是Parker對於Châteauneuf-du-Pape所下的評價，過去這個讓人感覺毫不出色、風味不夠高雅且主要以格納希葡萄釀成的紅葡萄酒，卻因Parker的評價而將其地位提升成為廣受世界喜愛的葡萄酒品牌。與波爾多特級葡萄酒不同的是，Châteauneuf-du-Pape並不需要經過如此長期的裝瓶熟成，現階段可能還不會被列入投資基金的組合名單當中，不過我認為緊接在波爾多右岸之後，下一波泡沫投資對象很可能會是此地。

沒有Parker的葡萄酒世界

身為Parker的友人，我不願意去想他引退或去世這方面的事，但對葡萄酒產業整體而言，這是遲早會發生的事，因此我認為從現在就要開始預測到時會發生什麼樣的事，為了避免不幸的結果發生，從現在開始就要做好萬全的準備，這是非常重要的。我想就連Parker自己也為了那天的到來而慎重行事，避免草率決定，並打算將自己本身的職責禪讓給數位後繼者吧。無奈的是，現階段並沒有人可以接手Parker的工作，除了那些被視為是Parker接班人之外，就連被認為是Parker對手的葡萄酒評論家當中，我想應該沒有人能夠繼承他在這個業界的權威性，而長久以來擔任《Wine Advocate》助理的Rovani，即使他最得意的部分是勃艮第葡萄酒的評價，但我也不認為會得到銷售業者的信賴，我甚至懷疑沒有了Parker，《Wine Advocate》這本雜誌真的能夠存續下去嗎？

除了思考沒有Parker的葡萄酒世界之外，一想到等待我們的最大變化，莫過於波爾多的新酒展示會。２００２年當Parker取消新酒品嚐會之後，該年葡萄酒的價格竟大幅跌落，我想大家應該還記憶猶新才是，雖然Parker的評價在波爾多新酒的價格指標上一直發揮了極大功能，但如果Parker不再發表這些評價的話，可以預見的是葡萄酒投資基金以及以投資為目的的個人單位，將會如同失去羅盤般沒有方向，而品質更有保障的一級葡萄園或以此為標準的超級副牌酒，將會完全集中到基金的投資組合中。因此，儘管情況可能會像2002年一樣，葡萄酒整體價格會朝著降價的方向邁進，但令人憂慮的是，頂級葡萄酒與主流葡萄酒的流通價格會因此而拉大。

整體來說，波爾多新酒的價格預測會慢慢的往下降，另一方面，以Parker的評分為後盾而使得身價高漲的那些葡萄酒，則令人擔心會大幅搖動，也就是價格暴跌甚至供給過剩。以Château de Valandraud為代表，位於波爾多右岸這些規模雖小卻專門生產高級葡萄酒的生產者（garagiste），從他們身上已經能夠看出這種傾向，而以投資為目的購買葡萄酒的私人或基金，萬一一口氣將這些葡萄酒拋售的話，要保證葡萄酒的流動性可能會難上加難，甚至會連帶地拖垮波爾多葡萄酒的整體價格，同樣的情形還可能出現在Châteauneuf-du-Pape上。不過托Parker的福，在美國市場順利復出的年份波特酒和蘇玳貴腐酒說不定能夠逃過一劫。另一方面，那些Parker評價低得離譜的Chateau-Grillet與Au Bon Climat，沒有Parker的葡萄酒世界對這些生產者而言，說不定會變得如同玫瑰花般美麗。

2005年3月，在英國王立經濟會議上，經濟學家ミシェル・ヴィセー指出「Parker評分的存在，具有將每瓶波爾多葡萄酒的價格提高15%左右的效果」。從旁偷瞄那些陷於苦境之中的Bordeaux Generic生產者，而那些長久以來一直受惠於Parker評分的葡萄園經營者們，說不定也開始要面臨思索今後自身處境的時期了。

脫離評分後的自由

對葡萄酒有份格外深切的熱情，並且有能力只買自己需要的葡萄酒，只有這些極少數的人才能夠從 Parker 的評分之中走出*1」

Jancis Robinson

繪畫與葡萄酒

1996年我在自己執筆的一個專欄裡，曾針對「理應珍惜其特殊風味的葡萄酒*2」這項主旨寫了一篇文章。關於這個論點，在1998年6月，我剛好抓到一個機會能夠與Robert M. Parker面對面討論這個問題。

首次將100分這個滿分法帶到葡萄酒評價世界的就是Parker，當初他以「世界上有好的葡萄酒也有差的葡萄酒」為前提，說明了「利用數字來表示葡萄酒的品質這個方法，對於消費者而言不僅淺顯易懂，而且非常地有用」，同時他反駁我說：「一幅畫不管是在買之前或是買之後都一樣，可以供人欣賞，可是葡萄酒不一樣，買了之後要將軟木塞拉起才能夠確認那瓶酒的風味如何，因此這兩者是

*1 Robinson, J., *"Tasting Pleasure: confessions of a wine lover"* (1997)

*2 堀賢一《葡萄酒の自由》（集英社，1998年）收錄於P268「葡萄酒的評價」之中

不可以相提並論的」，接著他又繼續說：「正因為要買了之後拉起軟木塞才能夠品嚐那瓶葡萄酒，因此對於消費者來說，一本淺顯易懂的購買指南是需要的。」

針對這番話我主張「就像談到莫迪利亞尼筆下的那幅擁有一雙悲傷眼神少女的畫一樣，感受是會隨著欣賞的人其心情而跟著改變的，葡萄酒也是一樣，即使是同一口味的葡萄酒，其評價會強烈地受到品酒人在精神與肉體上的狀態影響，因此這個數字化的評價其實缺乏普遍性」、「應該尊重消費者個人對於葡萄酒風味，如殘糖度、酸度或是苦澀味等喜好，而不是專注在專家對於葡萄酒品質所下的評分上」。聽了這個看法，我們兩人的爭論成了兩條平行線。

從Parker的評分之中走出的那一天

１９９８年12月，即將前往北義去採訪旅行的我，正當在各種收集有關Aldo Conterno這個預定拜訪處的資料時，卻在《Parker's Wine Buyer's Guide 第4版》這本書中發現一處令人起疑的內容。Aldo Conterno這位傳統巴羅洛葡萄酒生產者擁有「Romirasco」、「Cicala」、「Collonello」這3座單一品種的葡萄園，並且在將葡萄酒裝瓶的時候，會分別標上各座葡萄園的名稱。這本購買指南裡頭刊載了「Barolo Bussia Soprano Vigna Cicala 1989*3」和「Barolo Vigna Cicala Bussia 1989」這兩種Cicala１９８９年的葡萄酒，前者的評分為92分，而後者則是96分。同樣的情況也發生在Collonello 1989與頂級香檳（Top Cuvée）的Gran Bussia 1989上，均分別記載有兩種，而且評分各不相同。當時的我心中非常納悶「Cicala、Collonello和Gran Bussia怎麼可能分別有2種呢？」當我親自打國際電話給Aldo Conterno確認情況之後，所得到的答案是「這些葡萄酒本身就只有各一種，不過１９８９年剛好是舊標籤換成新標籤的過渡期，因此標籤本身可能存在有兩種也說不定」。不過由於Aldo Conterno本身不知道自己生產的葡萄酒刊登在Parker購買指南中的評價如何，因此我立刻用傳真送過去，確認「Parker看見標籤有些微妙差異的１９８９年Cicala，誤以為是不同的葡萄酒，所以品嚐之後才會分別予以評分」。當我明白整個狀況之後，也立即寫了一封信給Parker，告訴他１９８９年的Cicala、Collonello和Gran Bussia只各有1種，至於明明是同一種酒，但Parker卻有不同的評分，這很可能是因為bottle variation＊4 所造成的差異，要不然就是當時Parker身體不適所影響的。

對於我那封信Parker雖然沒有直接回覆，不過到了《Parker's Wine Buyer's Guide 第５版》已將這個錯誤更正過來，並在第1頁裡表達他對我的謝意。當看見這番話的時候，我第一次發現自己已經從捨棄99分、追求Parker評價１００分葡萄酒的束縛中解放出來了。

Robert M. Parker不但是我的友人，也是我最尊敬、敬愛不已的葡萄酒研究家之一，葡萄酒市場視他為絕對的真理，所以當他個人的意見已經無法讓人客觀地接受他的評價時，那就代表Parker的這個數字評價已經出現嚴重的問題了。

＊３ Bussia為巴羅洛近郊一個聚落的名稱。Bussia Soprano則為位在Bussia斜坡上的一個葡萄園聚落，Cicala、Collonello、Romirasco也包括在裡面。Vigna指的是「葡萄園」。

＊４ 指的是每瓶葡萄酒的風味會發生一些微妙的差異。《葡萄酒の自由》中的P２３３有詳細的說明。

後天口味的葡萄酒

傳統口味的巴羅洛是讓我愛不釋手的葡萄酒之一，但卻要到最近這幾年，我才真正認識到其箇中美味。

後天性的風味

所謂味覺可分為兩種，一種是屬於先天性的，也就是第一次品嚐時所感覺到的「美味」，另外一種屬於後天性的，也就是品嚐數次之後會令人口齒留香、無法忘懷的風味。像是我們現在每天喝的咖啡或啤酒也是，第一次喝的時候就被那苦澀和強烈的味道嚇得敬而遠之，而當初喝起來充滿藥臭味，簡直稱不上是人喝的可樂，現在也變成日常生活飲料的選擇之一。此外，第一次喝到現榨柳橙汁時，也為那新鮮美味所震驚，在北海道夏天清晨直接從樹上摘下的李子，在大快朵頤之後的濃烈鮮甜，更是令人終身難忘。

對於歐洲和拉丁美洲這些葡萄酒已經成為其日常生活一部分的國家而言，先天性風味並非如此重要，其所追求的是如同咖啡或啤酒般殘留在口中的風味，藉由長期飲用的習慣來漸漸體會這箇中美味；相對的，對於在其日常生活中葡萄酒原本就不甚重要的美國、澳洲與亞洲各國而言，除了後天帶來的風味之外，葡萄酒的其先天原有的風味也相當重要。因此，以這些非傳統葡萄酒消費國的一般消費者為銷售對象所生產的葡萄酒，與以此類市場為銷售目的對象的傳統葡萄酒生產國所量產的葡萄酒，這兩者不僅充滿新鮮果香味，以單寧為代表性的苦澀和強烈風味也不會如此突兀，有時甚至還會散發出一股淡淡香甜。這種「先天性的」葡萄酒拉低那些對於一般大眾來說屬於「後天性的」葡萄酒柵欄，成為讓消費者能夠更接近葡萄酒文化的踏板。

文化衝突

在智利與阿根廷這些拉丁美洲國家裡，從早期開始便生產兩種葡萄酒，一種是針對國內市場所銷售的果味較淡、氧化風味較強的葡萄酒，另一種就是針對出口市場，果味較濃、味道較為爽口，屬於先天性風味的葡萄酒；相對的，對於義大利、西班牙和葡萄牙等南歐國家而言，姑且不論那些極少數的葡萄酒商業品牌，這種出口市場所要求的「釀造出連第一次品嚐葡萄酒的人也能夠愛上的葡萄酒」觀念，對於他們來說就如同晴天霹靂般震驚，事實上在這些國家當中，開始研發專門出口至其他國家的先天口味葡萄酒的，並非是那些傳統的葡萄酒生產者，而是英國超級市場的採購和美國的葡萄酒進口公司。就連在賺取外匯，把葡萄酒視為最重要產品的法國也一樣，開發先天口味葡萄酒的不是傳統的葡萄酒生產者，而是Piat d'Or與南法Varietal Wine這些深深受到世界酒類聯合大企業、甚至受到美國葡萄酒文化影響的人們。

阿根廷自1970年初期開始到1990年代末期，每人的葡萄酒年消費量從90公升急劇減少至只剩下38公升，因此該如何消化在國內失去銷售通路的滯銷葡萄酒，就成了當務之急的課題，因此自1980年代後半，阿根廷可說是千方百計地積極投資，目的就是為了將葡萄酒出口至國外。同樣的，義大利自1930年代末期到1990年代末期這段期間，每人的葡萄酒年消費量也一下子從120公升跌落至54公升，不過由於義大利的葡萄酒生產者在EU境內依舊擁有像德國等廣大市場，再加上政府（ＥＵ）願意撥出農政補助金來購買酒精蒸餾用的葡萄酒，種種替代措施使得這些生產者並無多大意願投資生產出口市場所需求的先天口味葡萄酒。

１９８０年代以後，在美國的中間商與進口業者的支持下，巴羅洛由後天口味的葡萄酒改革成為先天口味的葡萄酒。雖然對於那些不懂得傳統口味巴羅洛的人來說，這是一場可比擬十字軍東征的聖戰，但是對於像我這種對傳統巴羅洛所散發出來的那股腐爛葉土、焦油和枯萎玫瑰般的芳香愛不釋手的葡萄酒重度愛好者（heavy user）而言，心情卻如同「遭受十字軍迫害的伊斯蘭教徒般」難受。

雖然大多數葡萄酒重度愛好者的消費者，到了某一階段之後便會開始愛上那股後天性的口味，但那些能夠釀造出風味絕佳的後天性口味葡萄酒產地，到最後卻因拒絕釀造先天性口味葡萄酒而漸漸面臨經營困難，這在歷史上豈不成了一種諷刺？

Planeta Chardonnay

進口商為日歐商事。2005年份的
零售價為4,000日圓左右

這瓶橘黃色的葡萄酒顏色深得讓人誤以為「品質是不是變差了」，不僅散發出一股如檸檬般的濃濃果香、乳酸發酵所帶來的奶油味以及強烈的橡木香，酸度低而且酒精濃度還超過一般葡萄酒的14.5%，風味非常香醇濃郁，再加上經過全新橡木桶發酵熟成為酒精濃度高的葡萄酒，因此殘留在口中的是股香甜的氣味。Planeta Chardonnay在義大利葡萄酒中，是屬於少見的先天口味葡萄酒，如果出現在矇眼測試當中的話，我可能會猜成南澳洲的夏多內葡萄酒，如果現在品嚐2005年份的話，第一口可能會因那濃烈的風味而感到印象深刻，但也由於味道過濃而無法一杯接著一杯，這瓶酒縱使經過長期裝瓶熟成，酒的品質未必會因此而提升，不過經過1、2年之後再來品嚐的話，味道說不定會更加美味。

Planeta Family自16世紀以來便是義大利西西里島東南部的大地主，雖然成立酒莊的歷史只能追溯到1995年，但才短短5年的時間，就讓世界上的葡萄酒研究家對於西西里島所產的葡萄酒感到耳目一新，其生產者為曾經在澳洲研習葡萄酒釀造技術的Carlo Corino。

葡萄生理上成熟的光與影

「不管是加州、法國或是智利，其所生產葡萄酒中的酒精、橡木以及葡萄乾的風味都大同小異」

Bo Barrett（Chateau Montelena 的所有者）

阿爾薩斯（Elsass）的灰皮諾

２０００年３月，我的友人Mary Ewing-Mulligan MW與她的夫婿，也就是美國知名的葡萄酒新聞工作者Ed McCarthy受邀前來日本擔任某一研討會的講師，那時不巧發生了一件令我終身難忘而且顏面盡失的意外。說是「顏面盡失」或許有些不恰當，不過當時的我徹底地受到打擊，以為自己對葡萄酒已經瞭若指掌的那份虛榮心，就這樣一拳被打碎了。

那是發生在研討會的最後一天，當所有行程都結束之後，我們四人正準備共享最後一次晚餐的事，當晚我帶了８瓶葡萄酒到惠比壽的一家加州菜餐廳去，正當享受第一瓶香檳的時候，Mary以代表美國義大利葡萄酒評論家的身分，與我們一同討論有關現在巴羅洛興起的技術革新問題。

配合前菜，我帶來了一瓶Domaine Zind-Humbrecht的灰皮諾１９９７年，既非Vendange Tardive（遲摘）也不是Selection de grains Nobles（選粒），只不過是最普通、價格最低的葡萄酒，Domaine Zind-Humbrecht不需多說，他當然是阿爾薩斯優秀的葡萄酒生產者，而且該葡萄園的主人還是我們這些人共通的朋友，因此我就毫不考慮地挑選他的酒。由於是外帶的葡萄酒，因此也就沒有進行host test，直接請服務生為大家倒酒，不料，當酒含在口中的那一瞬間，所有人的表情都顯得非常地僵，這瓶酒與大家想像中酒相違，味道竟甜得膩人。

如果是年份較短的葡萄酒，因所含的果香味較為濃郁，儘管酒裡不含殘糖，喝起來還是會感覺有些甜，不過這瓶葡萄酒毫無疑問地含了殘糖，而且每公升的分量超過30公克（比較參考一下沒有碳酸氣的Brut Champagne的甜度，殘糖量也還不到15公克）。吃完前菜的煙燻白肉魚之後所喝的這瓶灰皮諾，味道甜得讓人感覺有種無法形容的噁心，糟糕的是這瓶酒酒精濃度又高，使得我們到最後根本無法好好享受這頓晚餐。結果有關巴羅洛的議題不見了，取而代之的是有關葡萄果生理成熟的議題，這也讓我們一直討論到深夜，自這晚之後，我發現每當我在餐廳打算點阿爾薩斯的葡萄酒時，都會有些猶豫不決。

之後，我剛好有機會和Domaine Zind-Humbrecht談到這個問題，當我向他反應，「當初因為想喝些味道較烈、風味較清爽不膩的白葡萄酒，所以挑選了阿爾薩斯的灰皮諾」、「可是從標籤上無法看出這瓶酒的味道會比較甜」，而他的回答是「現在因為流行利用較晚採收、味道較濃的葡萄酒，如果不事先嚐看看的話，根本無法得知那瓶酒甜不甜」。*1

＊1　Domaine Zind-Humbrecht從２０００年份的酒開始，便在標籤的左下方標明殘糖的大約含量（Indice 1～5，數字越大表示殘糖量越多）。

生理上的成熟

所謂葡萄果生理上的成熟，指的是經由果皮及種子的變色、果粒內部構造的變化、酚物質的變化等因素，所觀察到的香味成熟度，經過生理性成熟的葡萄果與生長在樹上直到變黃的香蕉一樣，味道非常的香醇濃郁，不管是糖度、酸度或者是pH（酸鹼度），從這些化學指標計算出來的分析性成熟數值為「在生產葡萄酒時，狀況最佳、成熟度剛好的一個釀造過程」；相對的，生理性成熟則是「葡萄果實本身的完全成熟狀況」。一般而言，生理性成熟是緊接在分析性成熟之後的要素。

雖然分析性成熟可以依靠數值這個客觀的方式來判斷，而且指標性極為明確，不過生理性成熟卻只能靠觀察來判斷，而且指標性相當曖昧不清，所判斷的結果會因觀察主體的不同而各有所異。不可否認的，生長在樹上直到變黃的香蕉風味的確香濃美味，不過我們當晚討論出來的結果，認為「在主張生理成熟論的那些人裡頭，有人甚至讓樹上的香蕉熟到變黑」。實際上到了1990年代後半，加州有些地方的黑皮諾是利用已經形同葡萄乾的葡萄果來釀造，所釀出的葡萄酒不僅瀰漫著過熟的風味，味道也不是那麼深邃，甚至有些葡萄酒生產者還認為，「是不是有人把生理性成熟誤以為是過熟」。最重要的就是「在迎接生理性成熟的同時，也要注意到別讓果實過度成熟」，換句話說，理應要讓「分析性成熟與生理性成熟的時間點一致」，但大部分的生產者卻將「生理性成熟」這個字用來當作「過熟」的免死金牌。為了在同一時間達成分析性成熟與生理性成熟，葡萄樹必須處在氣候涼爽而且生長期較久的環境下，同時還必須挑選適合寒冷氣候的葡萄品種，而採收也必須適量限制，除此之外，頂篷管理也是不可或缺的代表性園地作業，儘管如此，許多生產者依舊在生理性成熟這個美名下，只單純地延後採收的時間。

葡萄酒生產者之所以會沈溺在生理性成熟這個美名之下，我想主要是受到《Wine Advocate》和

《Wine Spectator》，這些美國葡萄酒評論雜誌的影響所造成的，由於他們會挑選數種同一品種的葡萄酒，在分別比較的同時也進行品酒，因此充分萃取出顏色深邃、味道濃郁、讓人印象深刻的葡萄酒，自然而然就會獲得較高評價。由於這些測酒的人只啜飲一小口葡萄酒便吐出，因此對於酒精濃度方面其實並不在意，實際看看他們所寫的品酒評論，也從未見過有人提到「酒精濃度過高」這一點，加上這些美國的葡萄酒評論家，似乎不太喜歡生青卡本內葡萄那股如同青椒般的青澀香味，因此他們也從未想過，其實「這股香味能夠讓葡萄酒的風味更加豐富」。為了讓自己的葡萄酒能夠受到這些評論家青睞並獲得高評價，生產者必須極力排除這種生澀果實所帶來的香味，再加上那些評論家對於葡萄過熟風味的接受度較高，結果到最後生產者還是敗在「生理性成熟」的誘惑之下。在這種情形下所釀成的葡萄酒不僅沒有任何區別，而且酒精和精華度也高，再加上酸度低且風味滑順，整個世界的葡萄酒風味漸趨一致，讓人感到葡萄酒帶給人們多樣化以及充滿地區獨特風味的那份驚喜已漸漸消逝。金黃色的香蕉雖然能夠讓人品嚐到其因品種與產地差異所帶來的不同風味，然而泛黑的香蕉吃起來只覺得甜膩，不僅失去其獨特風味，就連味道也都是一成不變。

後記

這本書離我上一本著作《ワインの自由（暫譯：葡萄酒の自由）》已經有9年了，上一本書出版之後，我以相同的標題在集英社的《ALLMAN》連載的專欄共有81回，我從中挑選54篇，並另外從在酒類專業雜誌《WANDS》連載的專欄裡挑選6篇，略為刪改修正之後，彙編成這本《ワインの個性（葡萄酒の個性）》單行本。這本書能夠如願出版，要感謝SOFTBANK Creative的瀧澤尊子小姐，我自己當初對於收錄其中的原稿並不期望能夠見聞於世，也多虧瀧澤小姐為了能夠讓這本書順利出版而四處奔走於各相關部門，在此向瀧澤小姐致上十二萬分的謝意。

這9年來在我周遭發生了許多事情，暫時恢復健康的父親因肺癌再次復發而去世，從小出生到長大，位在北海道某一小鎮的老家也因轉讓給他人，令我頓時發覺自己已經無家可歸，另一方面，我成家之後便搬到東京，父親去世沒多久，家中長女便呱呱落地，而到了2006年，家中又增添了一位成員——二女兒。

葡萄酒的世界同樣也產生激烈變化，不僅葡萄酒的風味趨於一致，酒精濃度越來越高，就連生產和消費的兩極化也越來越顯著。想到宗教世界的潮流，現在一般市民之間，宗教已漸漸朝向世俗化與形式化，另一方面，不管是伊斯蘭教或是基督教，亦可看出部分原理主義者們的行為越來越激進。生產葡萄酒的那些生產者們其情況亦與宗教類似，對於那些日常消費用的葡萄酒毫不猶豫地施以人為釀造方式，另一方面，在堅持手工釀造的生產者中，除了傳統的釀造技術之外，其餘的一律不予以承認的原理主義也漸漸抬頭。

日本由於網路葡萄酒的通信銷售更加發達，因而進入了一個不論何時，只要想買就能夠買到的葡萄酒時代，另一方面，卻也窺探出不負責任的情報四處流竄，使得部分的流通產業完全失去了商業倫理道德。另外，葡萄酒進口業者和零售店為了銷售而企劃的「有機葡萄酒」或「自然派葡萄酒」這類定義含糊不清且沒有具體實情的熱潮，卻只發生在日本這個地方。原本葡萄酒相關報導媒體理應遏止這種流行風潮，可惜的是，現在的媒體們尚未能夠扮演其應有的角色。

我們這一代可能來不及誕生出能夠走遍全世界的葡萄酒報導評論家，但我依舊熱切希望有一天，日本也能夠出現可媲美Jancis Robinson、Hugh Johnson或Robert M. Parker這樣世界級的葡萄酒評論家，我也衷心希望從這本書的讀者當中，能夠誕生出未來代表日本的葡萄酒評論家。

2007年1月於世田谷

堀 賢一

誠品酒窖

誠品食尚網　http://www.eslitegourmet.com.tw/

建北總店

地址：台北市中山區建國北路二段 135／137 號 B1
TEL：02-2503-7687

信義店（誠品信義店內）

地址：台北市松高路 11 號 B2
TEL：02-8789-3388 ext.1918

敦南店（誠品敦南店內）

地址：台北市敦化南路一段 245 號 G F
TEL：02-2775-5977 ext.638

台中店（於 2008 年 5 月開幕）

地址：台中市公益路 68 號 3F

長榮桂冠酒坊

http://www.evergreet.com.tw/

一江門市

地址：台北市一江街 21-1 號
TEL：02-2567-2288

安和門市

地址：台北市安和路 2 段 12 號
TEL：02-2754-7970

台北車站門市

地址：台北車站 2F 微風食尚中心（牛肉競技館正對面）
TEL：02-2389-0185

中興百貨門市

地址：台北中興百貨 B1（地下街美食區茶水攤隔壁）
TEL：02-2752-5277

台糖楠梓量販門市

地址：高雄市楠梓區土庫一路 60 號 B1（近旗楠路、中山高）
TEL：07-355-5111

堀　賢一

1963年出生於北海道小樽市，肄業於青山學院大學大學院國際政治經濟學碩士班，為Wine Institute駐日代表。著作有《ワインの自由》（集英社），論文方面有“Bordeaux Futures: the Capital Asset Pricing Model and its Risk Hedging”（1992）、“Clonal Selection: the past and the Future”（1993），共同著作有《ワインと洋酒を深く識る酒のコトバ171》（講談社），監修方面有《ソムリエ》（集英社）、《ワインのばか》（フジテレビ）、《世界遺產》（TBS）等。現在酒類專業雜誌《WANDS》執筆專欄連載中。

國家圖書館出版品預行編目資料

葡萄酒の個性／堀賢一著；何姵儀譯.—— 初版—— 臺北市：臺灣東販, 2008.04
面；　公分.

ISBN 978-986-176-591-4（精裝）

1.葡萄酒

463.814　　97004729

葡萄酒の個性

2008年5月1日初版第一刷發行

著　者　堀賢一
譯　者　何姵儀
編　輯　陳其衍
發行人　小宮秀之
發行所　台灣東販股份有限公司
＜地址＞台北市南京東路四段25號3樓
＜電話＞(02)2545-6277～9
＜傳真＞(02)2545-6273
新聞局登記字號　局版臺業字第4680號
郵撥帳號　1405049-4
法律顧問　蕭雄淋律師
總經銷　農學股份有限公司
＜電話＞(02)2917-8022
香港總代理　萬里機構出版有限公司
＜電話＞2564-7511
＜傳真＞2565-5539

Printed in Taiwan